中公新書 2789

川名晋史著

在日米軍基地

米軍と国連軍、「2つの顔」の80年史

中央公論新社刊

はじめに

日本にいる米軍は二つの顔をもっている。「表」の顔である在日米軍としての米軍と、「裏」の顔である国連軍としての米軍である。前者はよく知られているが、後者についてはほとんど知られていない。どちらも見た目には違いはないが、中身は大きく異なっている。日本にいる米軍は必要に応じて、この二つの顔を使い分けることができる。

そもそも米軍はいつから日本に基地をもち始め、それはいかなる変遷を辿ったのだろうか。なぜ二つの顔をもつに至ったのか。

1945年8月、米軍を主体とする占領軍が日本に進駐した。日本各地の飛行場、港湾、工場、個人住宅にいたるまで、占領軍は必要なものは何でも接収した。いわゆる「基地問題」の始まりである。1950年代以降、占領統治が終了しても基地の基本的な状況に変化はみられなかった。日米安保条約と日米行政協定（現在は日米地位協定）が米軍による基地使用の権利を継続させたからである。それでも50年代後半になると、基地問題は本土では「解決」に向けた動きをみせ始めた。人々の目につきやすい地上部隊（陸軍と海兵隊）が撤収し、批判にさらされていた日米安保条約が改定された。70年代初頭にかけては、人口密集地である都市部の基地が大幅に削減され、それにより本土の基地問題は急速に沈静化した。

ただし、それは沖縄への問題のしわ寄せに過ぎなかった。本土で削減された基地の一部は沖縄に移り、80年代はじめまでに現在の沖縄における基地の集中と固定化の原型が築かれた。90年代に入り、冷戦が終結してなおそれらの状況に変化はなかった。沖縄では今日にいたるまで小規模な基地は削減されても、人々が返還を求める象徴的で大規模な基地は——1996年に返還が決まった普天間基地でさえ——動いていない。

防衛省のデータによると、2021年時点で日本には130の基地がある。個別の施設（倉庫、滑走路、住宅、通信アンテナ等）でみれば、その数は7112に及ぶ（2018年の米国防総省データ）。これは他国の数字、たとえば日本に次いで多くの基地を受け入れている韓国やドイツを1000以上引き離すものである。そしてそこに世界最多の約5万4000人の米兵が駐留している。

以上が日本の基地にかんする大まかな見取り図である。おわかりのように、日本にある外国軍の基地はこれまで唯一、在日米軍の問題としてのみ理解されてきた。日米安保条約に基づき、基地にいるのは日本及びその周辺を防衛するための米軍、というのが政府の説明だった。日本は米国に基地を提供し、その代わりに米国は日本を防衛する。この「物と人との協力」こそが戦後の安全保障の根幹だと学校でも教えられてきた。

しかし、このような日本の基地にたいする認識――日米安保条約に基づき米軍が日本防衛のために基地を使用する――は正しいだろうか。米軍は本当に日本を防衛するために日本にいるのだろうか。そもそも基地にいるのは米軍だけなのか。友軍を基地に招き入れたりしていないだろうか。基地に立ち入れない以上、われわれはそれすら確認することができない。はたして日本にある基地はいったい誰が使用し、何のために存在しているのか。

これらの疑問に答えるための鍵が、米軍の「裏」の顔である国連軍の中にある。ここでいう国連軍とはいわゆる「朝鮮国連軍」のことである。それは今から70余年前、朝鮮戦争勃発（1950年）の際の国連安保理決議に基づき、「武力攻撃を撃退し、かつ、この地域における国際の平和と安全を回復する」目的で創設された。そしてその後方司令部が、今なお東京（横田基地）にある。

国連軍としての米軍には、たんなる在日米軍にはない様々な特権がある。最大の特権は、米軍以外の国連軍、すなわち友軍に在日米軍基地を「又貸し」できることである。その際、日本側の同意を得る必要はない。又貸しされる基地は、在日米軍基地であると同時に、国連軍後方基地とよばれる。現在、それは日本に7ヵ所ある。本土に4ヵ所（横田、座間、横須賀、佐世保）、沖縄に3ヵ所（嘉手納、普天間、ホワイトビーチ）である。2023年現在、日本にある後方司令部（横田）には豪軍出身の司令官ほか3名が常駐し、豪州、英国、カナダ、フランス、イタリア、トルコ、ニュージーランド、フィリピン、タイの9ヵ国の連絡将校が在京各国大使館に勤務しているとされる。

国連の旗を掲げる限り、米軍を含めた国連軍は基地での行動について事実上、日本の同意を得る必要はない。部隊は平時から日本国内で自由に軍用機、船舶、人員、物資を移動させ、日本国内の訓練施設を含めた米軍基地ネットワークを利用できる。日本側がどう解釈し、いかに国内向けに説明しようが、一方の当事者である米国はそのように解釈している。これは米国務省の史料が示すものである。日本側と解釈にズレがあることは承知しているが、あえてその問題には触れていない。なぜなら、それは米国にとって事実上、彼らが戦後一貫して求めてきた基地の「自由使用」であり、日米安保条約が掲げる事前協議制の抜け穴だからである。米国は国連軍をその「隠れ蓑（cloak）」とみなしている。

本書の目的は、「日本の基地とは何か」、その歴史と全容を在日米軍と国連軍の二つの観点から論じることにある。基地を従来のように米軍だけでなく、米国の友軍を含めた国連軍が使用するものとして捉えなおすことで、いわゆる教科書的な米軍基地イメージを超えて、日本の戦後安全保障史の一側面を描きなおす。

とくに焦点をあてるのは、これまで注目されてこなかった国連軍地位協定である。これは日本が国連軍とのあいだで締結している協定であり、日米安保条約や日米地位協定と並んで日本の安全保障に重要な意味をもっている。にもかかわらず、その内容を理解している者は少ない。国連軍地位協定は、ある立場からみれば日本の主権を著しく――場合によっては日米地位協定よりもはるかに――侵害するものである。しかし、別の立場からみれば、日本の安全が米国との二国間同盟によってではなく、実際には多国間の安全保障枠組みによって保全されていると考える論拠となる。

2020年代に入り、日本では国連軍の動きが活発化しつつある。米中関係が緊張し、東シナ海、そして台湾情勢が流動化しているからだ。2021年には英国軍、豪軍、オランダ軍、フランス軍等が米軍と共同訓練を実施するという名目で在日米軍基地に入った。その際、一部の軍隊が国連軍の旗を掲げて日本に入っていたことはほとんど知られていない。米軍／国連軍の問題は歴史の中にではなく、今まさにわれわれの眼前にあるのである。

さあ、ここから在日米軍と国連軍の存在から浮かび上がる、戦後日本のもう一つの安全保障史を辿っていこう。

目次

第3章　安保改定と国連軍

第5章　在日国連軍の解体危機

凡例

・本書では読みやすさを考慮して、引用文中の漢字は原則として新字体を使用し、歴史的仮名遣いは現代のものに、また一部の漢字を平仮名に改めた。読点やルビも追加した。
・引用中の〔〕は筆者による補足である。
・国名の略称は下記のとおりである。カナダ：加、オーストラリア：豪、フィリピン：比

地図作成　地図屋もりそん
グラフ作成　ケー・アイ・プランニング

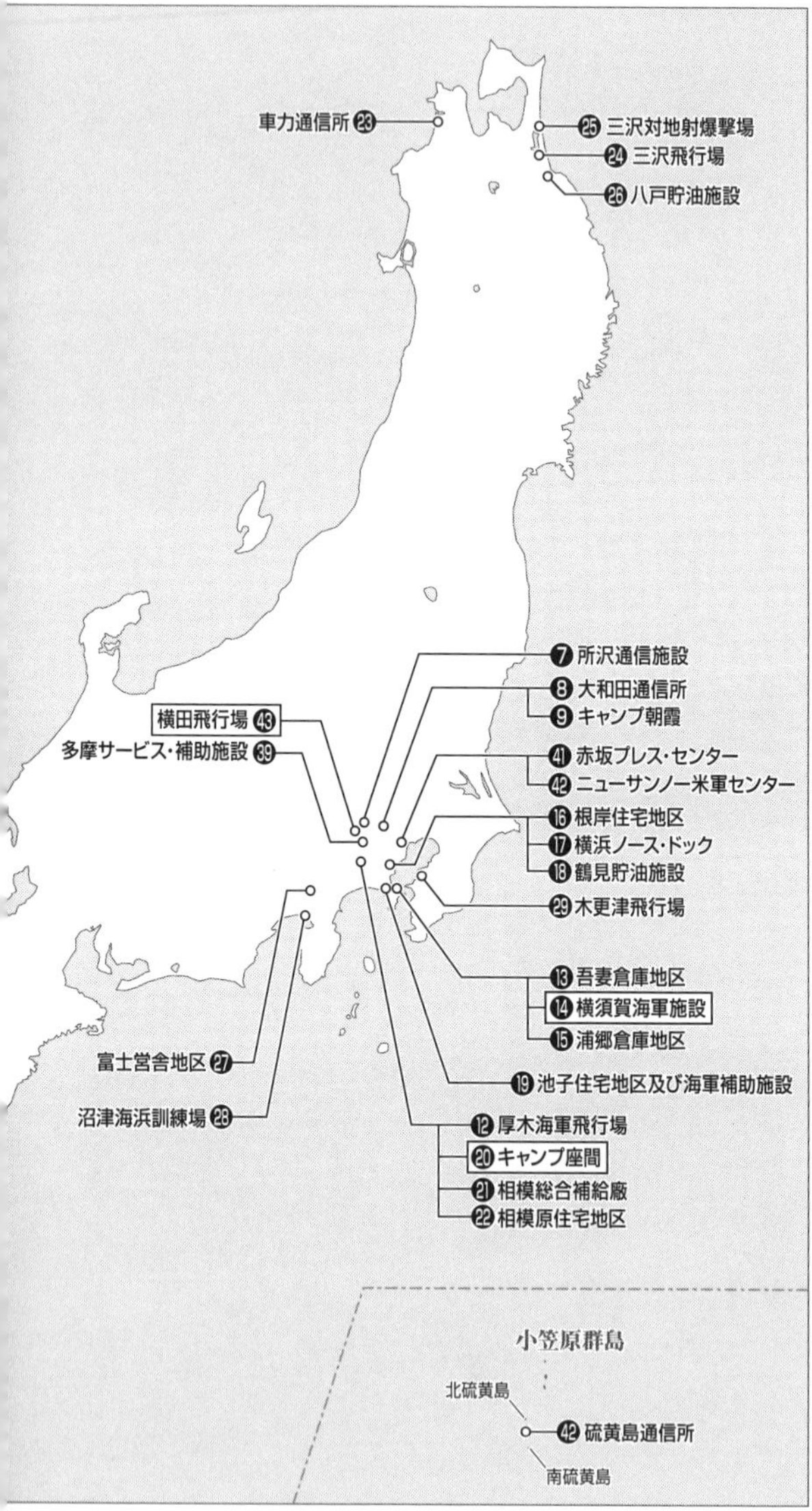

車力通信所 ㉓
㉕ 三沢対地射爆撃場
㉔ 三沢飛行場
㉖ 八戸貯油施設
❼ 所沢通信施設
❽ 大和田通信所
❾ キャンプ朝霞
横田飛行場 ㊸
多摩サービス・補助施設 ㊴
㊶ 赤坂プレス・センター
㊷ ニューサンノー米軍センター
⓰ 根岸住宅地区
⓱ 横浜ノース・ドック
⓲ 鶴見貯油施設
㉙ 木更津飛行場
⓭ 吾妻倉庫地区
⓮ 横須賀海軍施設
⓯ 浦郷倉庫地区
富士営舎地区 ㉗
⓳ 池子住宅地区及び海軍補助施設
沼津海浜訓練場 ㉘
⓬ 厚木海軍飛行場
⑳ キャンプ座間
㉑ 相模総合補給廠
㉒ 相模原住宅地区
小笠原群島
北硫黄島
㊷ 硫黄島通信所
南硫黄島

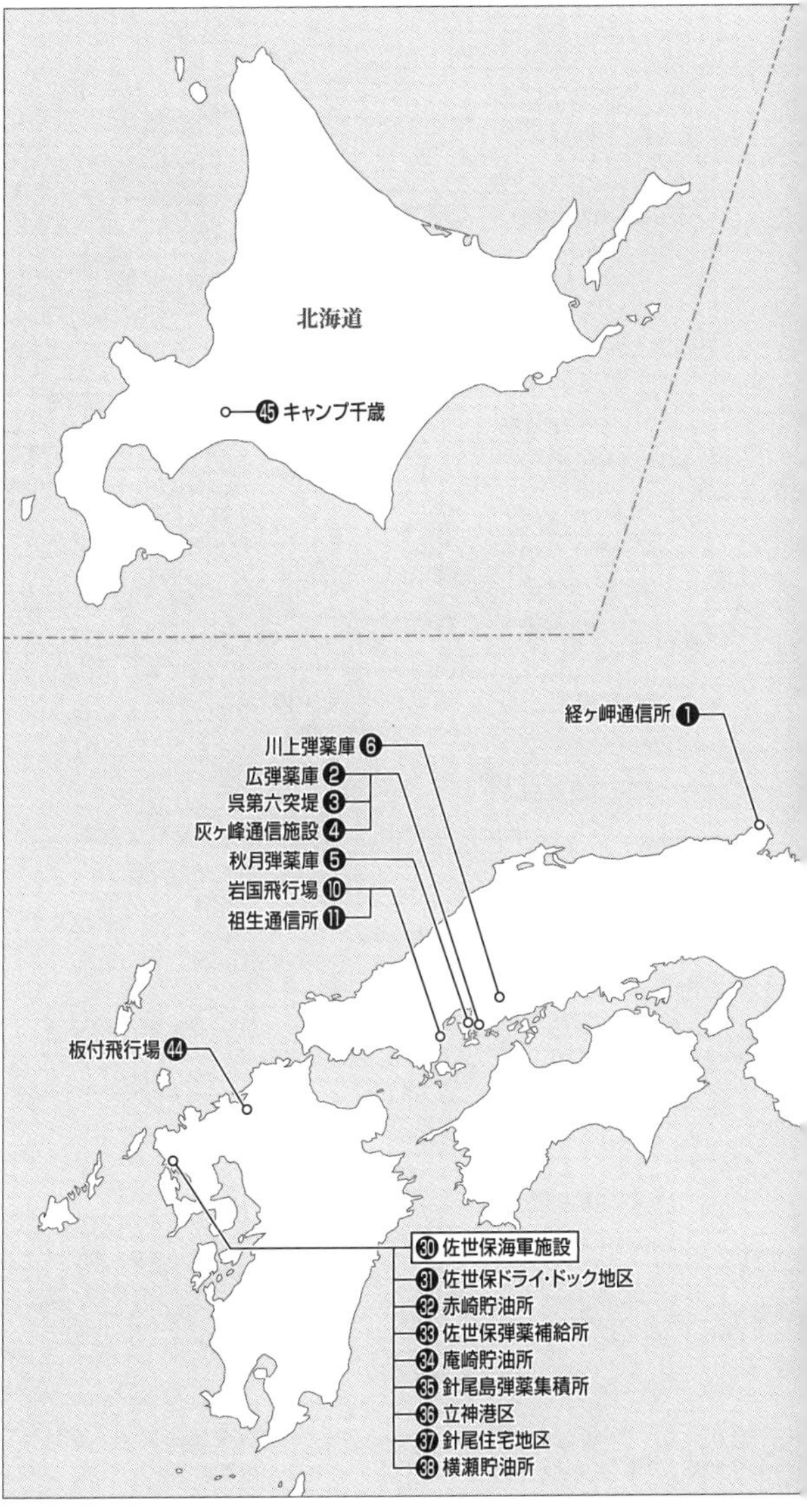

図０－１　日本本土の米軍基地・施設　囲いは国連軍基地（2023年時点）

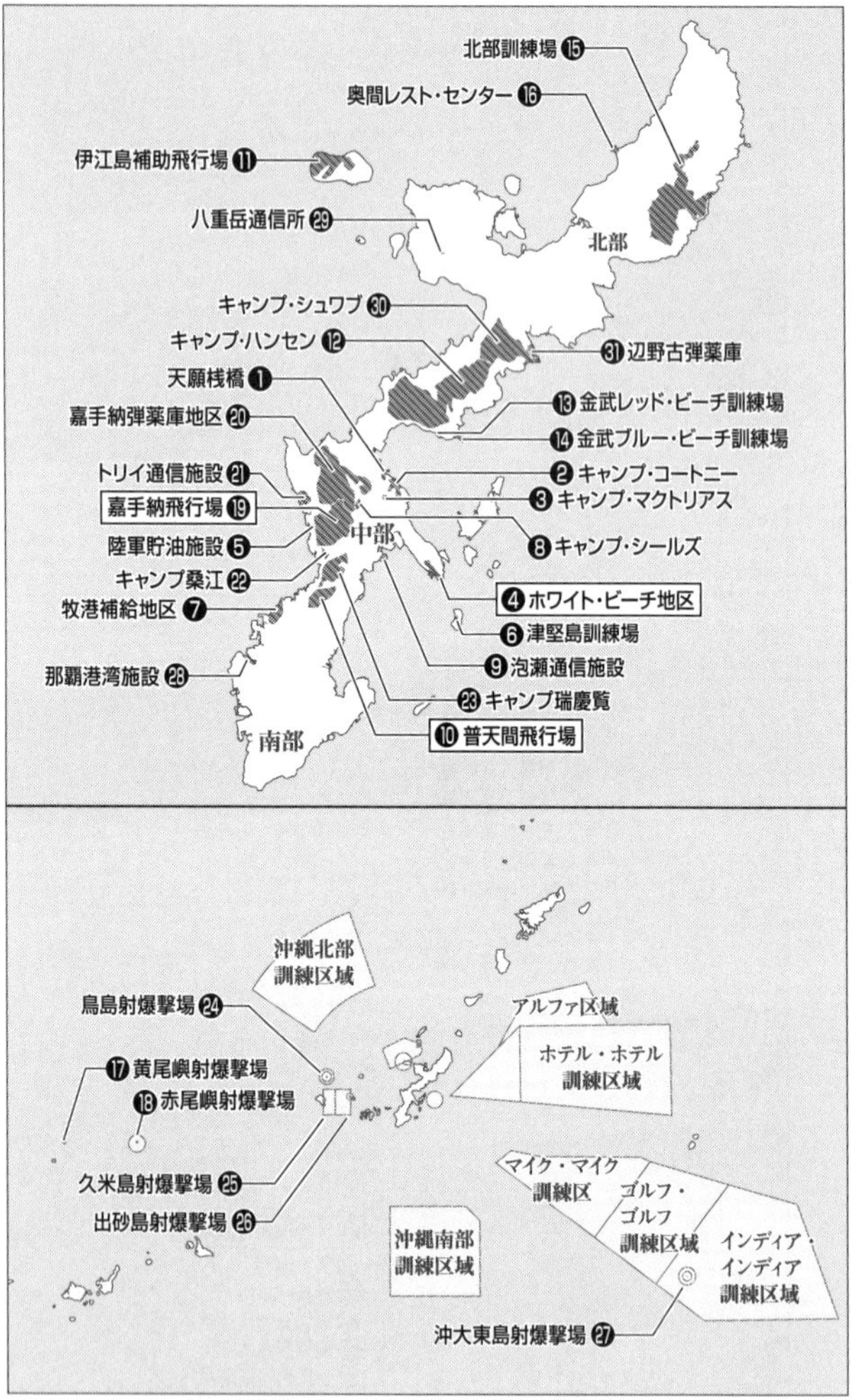

図0－2　**沖縄の米軍基地・施設**　囲いは国連軍基地（2023年時点）
両地図、自衛隊基地を米軍が一時利用する共同利用施設（すなわち、地位協定2条4項〔b〕施設）を除く

在日米軍基地

米軍と国連軍、「2つの顔」の80年史

第1章　占領と基地——忘れられた英連邦軍

　在日米軍基地の歴史的な起源は、第二次世界大戦後の連合国軍による日本占領にある。連合国軍による対日占領は、一般的には1945年9月（ミズーリ艦上における降伏文書への調印）から52年4月（サンフランシスコ平和条約の発効）までである。ただし、沖縄全島が軍政下に置かれたのは1945年6月のことであるから、実態に即していえば、在日米軍基地は45年6月から今日まで存在していることになる。

　本章が概観するのは、第二次世界大戦後の連合国軍による対日占領期から、日本が主権を回復する直前の朝鮮戦争勃発（1950年6月）までの時期である。この時期は在日米軍基地のいわば「前史」にあたるものであり、また今日の在日国連軍スキームの重要な伏線となる時期でもあった。

1　米軍と基地問題

進駐と接収

1945年8月14日に日本が受諾したポツダム宣言には、「平和、安全、正義の新秩序（中略）が確立されるまで、また日本の戦争遂行能力が壊滅したと明確に証明できるまで、連合国軍が指定する日本国領域内の諸地点は、当初の基本的目的の達成を担保するため、これを占領する」ことが謳われていた。つまり、連合国が日本を占領する目的はひとえに日本の無力化にあった。[1]

それゆえ米軍の先遣部隊が1945年8月28日に厚木飛行場に進駐してまず行ったことは、旧日本軍が所有していた財産を中心に、民有財産を含め全国各地の飛行場、港湾施設、貯油施設、通信施設、軍需工場、ホテル、デパート、倉庫及び民有の個人住宅等を接収することだった。[2] 終戦当時、旧日本軍の演習場、その他軍用に供されていた地区は、全国で1443地区あった。総面積は約3000㎢に達しており、このうち進駐軍は約460㎢を直接に接収した。

土地の使用又は収用にあたっては、1945年9月3日の連合軍最高司令部指令（第2号

図１－１　厚木飛行場に進駐した米軍
ダグラス・マッカーサー（右から２人目）

第4部）による調達要求書に基づいて、それが私有財産である場合には日本政府がその所有者とのあいだに賃貸借契約を結んで、これを連合軍に提供し、国有財産である場合には、連合軍が無料で使用した。

連合軍の進駐は、演習場周辺では農地林野の接収、入会地の立入禁止、農業用水権の侵害、保安防風林の伐採などの問題を引き起こした。さらに、演習海面に関係する漁民たちは操業制限・禁止のみならず、漁場の荒廃、操業の危険、防潜網による漁獲量の低下など、生活に直接影響を与える問題に直面した。進駐当初にみられた風紀問題も、土地や宿舎の接収と並んで基地問題を形成した。

日本政府は占領期間中の損失補償については、はじめから損失を補償するという建前には立たずに見舞金を出すということに決めた。たとえば、福岡県芦屋附近の漁師への補償は、１９５１年度はおよそ６１０万円だった。[3] これを沿岸漁業組合９５７名の漁師で分けると一人平均わずか３３００円にしかならなかった。また接収によって、何年間被害を受けようとも、損失高はその１年分にあたる平均損失高を対象とし、しかも補償額の算定は、接収開始時（１９４５年10月１日）の単価を基準とすると定められていた。[4]

しかしながら、こうした社会問題は今日的な意味での基地問題、ないし政治的な闘争へと発展することはなかった。当時の基地問題は、あくまでも基地が存在することで生じる被害の回復を求める補償要求（立ち退き・立入禁止の緩和、借上げ料の支払い、損害補償の実行など）として位置づけられていた。[5] 補償要求は主として市町村長、議員、農業協同組合幹部等の地主、富農による陳情、嘆願運動の形で行われ、被害地域市町村を中心とした関係者だけのいわば孤立分散した運動だった。たとえば、進駐の翌年、１９４６年５月、横田飛行場のB29滑走路の拡張のため、瑞穂《みずほ》町の農地が接収されたが、農民は米軍に対してまったく無抵抗であった。土地を奪われ、直接被害を被った貧農は、占領下において基地労働者、日雇い、出稼ぎなど他に職を求めてかろうじて生活を維持する状態にあった。

ところが、同じ瑞穂町に1950年3月、高射砲陣地建設のため再び農地の接収が現地部隊から通告されたときは、占領期間中にもかかわらず、関係農民は町役場に押しかけ農地の接収に抵抗をみせた。朝鮮戦争勃発後、急速に増大した開拓地に対する直接接収、演習による被害の激増などにより、長い間の忍耐を破って基地に対する接収反対の運動が表面化したのである。[6]

基地問題の生起

政治のレベルでもそれは同様だった。たとえば、日本共産党は戦後しばらくのあいだ、占領軍を解放軍と規定し、それを支持する姿勢をみせていた。そこから一転して、彼らが組織的な政治闘争を開始したのは、1950年2月のことである。2月21日に開かれた最初の「反植民地デー」において「軍事基地反対、外国軍隊帰れ」のスローガンが掲げられ、同日、千葉県九十九里浜の米軍射撃演習場周辺では、基地反対のビラが貼り出された。[7]この九十九里浜に代表される漁村は日本における反基地運動の起点である。当時、その多くが農業を兼業している半農半漁民であったことから、沿岸に設定される多くの基地（海上演習場）とその活動（艦砲射撃、機雷敷設訓練、潜水艦訓練）は、土地と漁場の接収という形で、多くの漁師の生業を圧迫していた。

こうして1950年以降、基地はそれまでのような補償の対象である一方で、政治的な運動の対象となっていく。「基地問題」が日本社会に出現するのである。

砂川事件

なかでも有名なのが、在日米軍の合憲性が司法の場で争われた砂川事件（砂川闘争）である。[8] 当時、東京の立川基地群は、東京都下三郡にまたがる広大な地域に、立川飛行場、極東空軍資材廠（立川市）、横田飛行場（福生《ふっさ》、瑞穂、村山、砂川）、多摩弾薬庫（稲城）、府中空軍施設（司令部）（府中市）、日野、西多摩、東秋留《ひがしあきる》、砂川、恩方の高射砲陣地と多数のレーダ―施設からなっていた。この基地群の中心都市だった立川は、戦中は旧日本軍の基地として発展、それまで農村だった地域は軍都となり、人口5万の「市」となった。戦後は占領軍がそれらを接収、米軍統治の拠点とするとともに、朝鮮戦争の勃発（1950年6月）後は、朝鮮への出撃拠点と位置づけられた。

この頃、基地周辺にはおよそ2万を超える労働者が密集、基地に依存した経済圏が出現した。1952年7月、立川飛行場の兵舎拡張のため基地に隣接した砂川村での畑地の接収が通告された。関係する農家は150戸、うち全耕地を失う者が14戸、50%以上を失う者が40戸に及んだ。これに怒った農民らによる反対運動が勃興、村議会には対策委員会が設けられ、大規模な署名運動、国会陳情、基地司令官への申し入れ等が行われた。

　翌１９５３年２月には朝鮮戦争の休戦に備えて、日本に予備兵力を温存するための兵舎の拡張が企図され、大和村の旧日立航空機会社跡地が接収候補地となった。附近には旧日立の社宅が街区をなし、多くの人口を抱え、学校もあった。そのため、地元の有志らによる「子供を守る会」、ＰＴＡ、村長、議員、教育委員会等が「兵舎反対期成同盟」を組織、反対運動を展開した。その最中の１９５４年３月、今度は立川、横田、新潟、小牧、木更津の五飛行場の拡張について米側から要求があった。これを受けた日本政府は、五飛行場の拡張の方針を決め、地元との交渉を開始した。

図１－２　**砂川闘争**　1955年９月13日

　砂川町では、地元の人々は１年ごとの賃貸契約で防衛施設庁に土地を貸していた。しかし、基地拡張に反対する地主側は、契約更新を拒み、土地返還請求訴訟を提起した。これに対して日本政府は

「日本国とアメリカ合衆国との間の安全保障条約第三条に基づく行政協定の実施にともなう土地等の使用等に関する特別措置法」（以下、特別措置法）及び土地収用法に基づき、基地内民有地の測量を開始する。特別措置法第3条は、「駐留軍の用に供するため土地等を必要とする場合において、その土地等を駐留軍の用に供することが適正かつ合理的であるときは、この法律の定めるところによりこれを使用し、又は収用することができる」と定めていた。

1957年7月8日、東京調達局は早朝から立川基地内の民有地に入り測量を行った。警視庁はおよそ1500人の警官を出動させ、鉄条網のバリケードをつくって警戒にあたった。測量に反対する砂川町基地拡張反対同盟及びこれを支援する各種労働組合、そして学生団体ら約1000人が、同日早朝から飛行場北側境界柵外に集合、反対の気勢をあげた。そしてそのうち300人ほどが、滑走路北端附近の境界柵を破壊し、基地内に侵入。警視庁はこの事件の被疑者として25人を逮捕、うち7名を刑事特別法第2条（施設または区域を侵す罪）違反として起訴した。これが砂川事件である。

裁判では、在日米軍の合憲性が争われることになった。一審のいわゆる伊達判決（1959年3月）（伊達秋雄裁判長）は、在日米軍の存在を違憲とし、したがってそれを特別に保護する刑事特別法もまた違憲と判決、被告人全員に無罪を言い渡した。この判決に接した検察は最高裁判所に異例の跳躍上告を行い、最高裁判所は同年12月16日、伊達判決を全面的に否認、在日米軍の合憲性を明確に肯定した。その理由は「安保条約のような高度の政治問題は、裁判所の司法審査になじまないものである。また、憲法第9条第2項の規定はわが国の戦力保持は禁止しているが、外国の戦力は禁止していない」というものだった。こうした司法の判断の背後には、日米安保改定の動きに水を差されることを嫌った米国政府（駐日大使館と国務省）の影響があったと指摘されている。[9]

内灘事件

サンフランシスコ平和条約によって日本の主権が回復したあとに、米軍基地が「新設」された（旧日本軍の基地を米軍が引き継ぐのではなく、新規に接収、建設された）ケースもあった。そのような基地に対する反対運動は、周辺自治体や市民の域を超えて、全県民的、あるいは全国的運動へと発展した。多くの日本人は、当然のことながら、講和条約によって基地は撤去されるものと考えていたからである。その一例が、内灘《うちなだ》試射場である。1952年以降、名古屋を中心に銃砲弾の生産が開始されると、試射場の候補地に静岡県睦浜《むつはま》、愛知県伊良湖《いらご》岬、そして石川県内灘があげられた。伊良湖岬が第一候補だったが、そこでの反対運動が熾烈を極めたことから予定地は内灘に転じられた。

こうして1952年9月1日、日米合同委員会は損害補償、地元民の経済状況等に照らして内灘を砲弾試射場として接収することを決定した。内灘村は日本海と河北潟《かほくがた》に挟まれた細長い海浜の村で、戸数約1000戸、人口約6000人、農業と漁業で生計を営む貧村だった。接収の決定が通知されると、村議会は「絶対反対」を決議、村会議員、地元の青年団、婦人会らが県に対し反対陳情を行った。日本政府は石川県選出の林屋亀次郎国務相を現地に派遣、林屋は使用期限4ヵ月、補償金7500万円、保育所施設費・道路補修費等の補助と引き換えに村長、村議等を納得させた。

1953年1月、予定どおり内灘は接収され、同年3月18日以降、試射が行われた。ところが、施設が整備され、試射の既成事実ができあがると、日本政府は4ヵ月を使用期限としていた前言をひるがえし、内灘の使用延長を決定した。これには村民だけでなく、石川県民全体の抗議をよび、石川県内の労働者をはじめ、全国の市民、学生、社会・共産・労農党等がそれに呼応、全国的な反対運動が勃興した。同年7月19日に開かれた「軍事基地反対国民大会」にはおよそ1万の市民が集結、「金は一年、土地は万年」のスローガンの下、一部の者は試射場着弾点近くでの座り込みを開始した。

一方、運動の長期化に伴い市民の生活は次第に逼迫《ひっぱく》、村財政も危機的状況に置かれるようになった。そのため、内灘村の大根布《おおねぶ》地区を中心に、基地に賛成する人々が現れた。彼らは生活の回復と向上を志向、より多くの補償金を引き出すために政府の側に立った。彼らのスローガンはあくまでも「村を守ろう」、「浜を守ろう」であり、「基地反対」ではなかった。これにより、村民が組織する「永久接収反対実行委員会」は徐々に分裂、９月に入ると座り込みが中止され、９月28日には当初から反対運動に慎重な姿勢をみせていた村長が辞任した。結果として、内灘試射場は１９５６年まで米軍により使用され、翌年３月30日に返還された。その際、一部の住民は返還に反対し、基地の引留め運動を展開することもあった。

ジラード事件

「ジラード事件」もまた日本社会を揺るがした。この事件は、１９５７年１月30日、在日米陸軍所属のジラード（William S. Girard）三等特技下士官が、群馬県の相馬が原演習場（旧日本軍演習場）で薬莢《やっきょう》拾いをしていた日本人女性を至近距離から射殺した事件である。

事件後、米軍側からはジラードの行為が公務執行中のものであるとする証明書が提出された。事件は日米合同委員会の裁判管轄分科会に付託。米軍側は、ジラードの行為そのものこそ不適切だが、公務上の行為であるがために、米軍側に第一次裁判権があるとの立場をとった。米国の世論もジラードに同情的だった。５月19日付『ニューヨーク・タイムズ』紙は、「事件当時、この米兵は米軍射撃演習場において公務中だった。薬莢を空砲で撃ったのは、弾拾いのために射撃場に入っていた日本人を警告退去させるためであり、そのうちの一発が婦人を死に至らしめたのである。これは明らかに日本の裁判所が裁判権をもつべきケースではない」と主張した。

対する日本側は、ジラードの行為は命令の遂行範囲を実質的に逸脱したものであることから、公務執行中とは認められず、したがって日本側に第一次裁判権があるとの論を張った。この時期、それと同様の事件が板付飛行場（福岡県）や千歳飛行場（北海道）周辺などでも多発していた。そのため、事件は折からの反米感情を大いに刺激、全国的な反基地運動を生起せしめた。

1957年5月16日、日米合同委員会の場で、米側から本件についての裁判権を行使しない旨、通告がなされた。このような妥協の背後には、日米双方の政治的な判断があった。じつは同年4月26日の時点で、米国防総省は「日本側が出来る限り軽い罪で起訴し、法務省と一致することが明らかに我々の利益であり、ジラードの裁判を日本に委ねる前に日本の同意をとりつけるのが望ましい」との考えを表明していた。一方の日本政府も、ジラード事件によって日本人の米国離れが進み、社会党への支持が広がることを危惧していた。

そこで日米両政府は、事件の事実・経緯、刑事裁判権問題、日米両政府の立場等につき、政治的妥協を図ることで合意、日本側はジラードを傷害致死罪より重い罪で起訴しない旨、了承した。[10] こうして、ジラードは日本の裁判権に服することとなった。前橋地方裁判所（河内雄三裁判長）は1957年11月19日、ジラードを傷害致死として懲役3年、執行猶予4年の判決を言い渡した。検事側も控訴しないことを決め、事件は終結した。

ジラード事件の余波は、米国の基地再編政策の行方にも及んだ。右にみた第一次裁判権に関する妥協が成立した直後の1957年5月24日、アイゼンハワー（Dwight D. Eisenhower）大統領は「現地の戦闘兵力の数を削減する迅速かつ抜本的な対策をとらねば、反米感情の高まりは不可避」であるとの見方をダレス（John F. Dulles）国務長官に伝えた。そのうえで、同年6月末に予定されていた岸信介首相訪米のタイミングに合わせて、部隊撤退のあり方を検討するよう指示した。最終的に、国防総省は日本本土に駐留するすべての陸軍戦闘部隊と海兵隊の撤退を決定、撤退は1958年2月に完了した。

2　英連邦軍の進駐――在日国連軍の源流

ここまでの描写からは一つ重要な事象が抜け落ちている。英連邦軍の日本進駐である。あまり意識されることはないが、戦後に日本を占領したのは米軍だけではない。英国をはじめとする英連邦軍（すなわち、英国と彼らのかつての植民地によって構成される国家連合が派遣した軍）もまた占領政策に重要な役割を果たしている。そして何より、それ以後の在日国連軍の問題を考えるうえで、彼らの存在は決定的である。

従来、占領期の外国軍基地の問題といえば、すなわち米軍基地の問題だった。その背景には、ダグラス・マッカーサー（Douglas MacArthur）連合国最高司令官の絶大な影響力があった。マッカーサーは対日占領政策の実施において極東委員会や対日理事会の存在を軽視し、米本国政府の関与すら遠ざけようとした。そのため、米軍以外の占領軍の軍事力を軍政の領域から追いやり、彼らの任務を日本軍の武装解除をはじめとするごく狭い領域に限定した。この結果、連合国による対日占領政策においては米軍以外の軍、すなわち英連邦軍の存在感は小さなものになっていた。

英連邦軍の形成

英連邦軍の日本上陸は、終戦から半年が経った1946年2月8日のことである。[11] ちなみに、米軍（太平洋陸軍第8軍）の主力が厚木飛行場に到着したのは1945年8月30日だ。それと比べると英連邦軍の上陸にはやや時間を要したようである。しかし、そこにはわけがあった。そしてそこでの取り決めが、今日に至る豪軍の日本への関与の問題とも密接に関連している。

1945年8月13日、英国政府は英連邦構成国に対して、太平洋戦争終結後に豪州、英国、インド、カナダ、ニュージーランド陸軍からなる単一の英連邦軍を形成し、日本の占領に参加することを提案した。ところが、豪州はそのような提案に反対した。豪州政府はマッカーサーの隷下にある豪州人司令官のもと、独立した対日占領軍を派遣すると主張した[12]。

彼らの主張の背後には、太平洋戦争での豪軍の活躍に対する自負があった。とりわけ、1945年5月から7月にかけて、ボルネオで展開された作戦では、豪軍が大きな戦果を収めていた。また、1944年後半以降、豪州は南太平洋における日本の委任統治領の統治を米国から引き継ぐなど、太平洋戦争における連合国側の主要な当事者だった。

また、太平洋戦争は豪州政府にとっては自国の安全保障政策を見直す重要な契機となった。なぜなら、領土の一部が初めて爆撃を受けたことに加え、そうした危機的状況において英国にはもはや自国の安全を保障してくれる能力がないことが誰の目にも明らかになったからである。そのため、彼らは太平洋地域の安全保障が自らの安全にとって不可欠であり、しかもそれは自国の防衛力の増強と米国との安全保障協力によって担保されるとの認識を強くしていた[13]。

そのような事情もあり、豪州政府はしばらくのあいだあくまでも豪州単独の独立した軍を日本に派遣する道を模索していた。しかし、最終的には英国が主張する英連邦軍に参加することを決めた。そこにはのちに英連邦占領軍の総司令官となるノースコット（John Northcott）陸軍参謀総長の意向が働いていた。彼は、もし豪州単独で軍を派遣したとしても、結局のところ米英両国に艦船や航空機、あるいは兵站面で支援を求めざるをえず、そうすることで彼らの分遣隊に成り下がる可能性があると考えていた[14]。

１９４５年10月18日、ワシントンの豪州公使館は、豪州人総司令官の下、豪州、英国、ニュージーランド、インドの４ヵ国の陸海空軍で構成される単一軍として英連邦軍を形成し、日本占領に参加する意向である旨、米国政府に伝えた（カナダは欧州における任務を優先し、対日占領軍への参加を断念している[15]）。それと同時に、英連邦占領軍の総司令官は、軍事作戦上は連合国最高司令官に、兵站や政策、ならびに管理上は英連邦占領軍の統合参謀本部である豪州統合参謀本部（Joint Chiefs of Staff Australia: JCOSA）をつうじて英連邦関係諸国政府に責任を負うとの説明がなされた[16]。

同年11月24日、米国政府は英連邦軍の日本占領参加を原則的に承認し、豪州の代表たる人物と英連邦軍の日本占領参加を討議するための会談に入ると回答した[17]。それを受けて行われた豪州と米国の交渉は、対日占領軍の独立を確保したい豪州と、ソ連が英連邦と同等の条件で日本占領を望むことを嫌う米国とのあいだで難航した。

交渉はマッカーサー連合国最高司令官とノースコット英連邦占領軍総司令官の協議により、

図1－3　**英連邦軍本部**
中央の建物はオーストラリア軍病院、広島県江田島市、1948年9月

12月18日に妥結した。マッカーサー・ノースコット協定である。そこでは豪州が主張したとおり、英連邦占領軍はマッカーサー連合国最高司令官の下、軍事作戦においては連合軍の指揮下に入るものの、兵站などの管理面では、英連邦占領軍の独立性が担保されることになった。[18]

英連邦占領軍の兵力は約4万3000人と予定された。米国政府にとっても同協定は満足のいくものだった。なぜなら、それは事実上、連合国による軍政を一手に掌握するものだったからである。

占領地区

マッカーサー・ノースコット協定で英連邦軍は広島県の呉《くれ》及び福山ほかを割り

表１－１　英連邦軍の展開状況

地名		主な部隊
広島県	旧呉市内	在呉英海軍、英連邦基地司令部、第363インド野戦中隊
広島県	呉市広町	第34豪歩兵旅団司令部、第65豪歩兵大隊１個中隊
広島県	広島市宇品	第67豪歩兵大隊
広島県	江田島町小用	英連邦占領軍司令部
広島県	宮島	第116豪保養所
広島県	大竹	第２NZ 師団機甲連隊
広島県	海田市	第67豪歩兵大隊
広島県	尾道市	第65豪歩兵大隊
広島県	福山市	第65豪歩兵大隊中隊司令部
山口県	岩国市	英連邦飛行隊司令部、NZ 空軍第14飛行中隊、第1315英連絡飛行中隊
山口県	熊毛郡平生町水場	第２NZ 師団機甲連隊
山口県	光市	第２NZ 師団機甲連隊
山口県	徳山市	第27NZ 歩兵大隊
山口県	防府市	豪空軍第81飛行連隊司令部、第27NZ 歩兵大隊
山口県	宇部市	第25NZ 野戦砲中隊
山口県	宇部市岐波	第25NZ 野戦砲中隊
山口県	厚狭郡王喜村（小月飛行場）	第22NZ 歩兵大隊
山口県	下関市長府	第２NZ 海外遠征軍司令部
山口県	豊浦郡小串	第22NZ 歩兵大隊
山口県	山口市	第27NZ 歩兵大隊
山口県	大津郡仙崎町	第22NZ 歩兵大隊
山口県	萩市	第27NZ 歩兵大隊
島根県	松江市	第268インド歩兵旅団司令部
島根県	出雲市今市	第９インド野戦衛生隊
島根県	浜田市	インド・マハラッタ軽歩兵連隊
鳥取県	西伯郡大篠津村（美保飛行場）	英連邦飛行連隊（岩国司令部）

	米子市	第56インド混成燃料隊
	鳥取市	インド第1パンジャブ連隊第5大隊
岡山県	岡山市	英印師団司令部、第30英野戦砲中隊、第60兵員訓練キャンプ
	玉野市宇野	第7インド機甲中隊
	倉敷市	第7インド機甲中隊
愛媛県	松山市	英クイーンズ・オウン・カメロン高地連隊
香川県	高松市	第758インド補給小隊
	善通寺市	第5英歩兵旅団司令部
	三豊郡詫間町	休暇ホステル隊
徳島県	徳島市	英ロイヤル・ウェールズ・フュージリア隊
	小松島市和田島	第16インド野戦砲中隊、第5英野戦救急隊
高知県	高知市	英クイーンズ・オウン・カメロン高地連隊
	長岡郡後免町	英ドーセット連隊
大分県	別府市	休暇ホステル隊

当てられた。[19] また、東京にも小規模の分遣隊が派遣されることとなった。東京の分遣隊は、英国の強い主張によるものだった。というのも、英連邦軍は軍事作戦上の指揮権がないだけでなく、広島県においてさえ軍政への参加が認められていなかったからだ。また、経済的に重要な地域だった神戸や大阪ではなく、地方の戦災地である広島が割り当てられたことも大きな不満だった。それを和らげることを目的に、東京への分遣隊の進駐が認められた。

こうして1946年2月8日、英連邦占領軍の先遣隊が呉に到着した。[20] 2月13日には最初の本格的な部隊として、第34豪州歩兵旅団、英連邦基地部隊などが呉に到着した。その最中の2月3日、マッカーサーはノースコットに対し、英連邦占領軍の占領地区を中国・四国地区にま

表1－2　最盛時の英連邦軍の兵力

	海軍	陸軍	空軍	計	割合
イギリス	493	6,835	2,478	9,806	27
インド		10,584	269	10,853	29
オーストラリア		9,912	2,006	11,918	32
ニュージーランド		4,178	266	4,444	12

で拡大するよう要請した。[21]

背景にはソ連と中華民国の日本占領軍の派遣が中止になったことに加え、復員、動員解除が喫緊の課題となっていた米国が急速に占領軍を縮小せざるをえなくなったことがあった。[22] 広島の占領のみでは兵力に余剰が生じると考えていたノースコットにとっては渡りに船だった。

1946年3月以降、日本に到着した英連邦占領軍は、広島だけでなく、山口県や島根県、岡山県、鳥取県などに次々と進駐した（表1－1）。彼らの進駐は1946年5月にはほぼ完了した。その兵力は1946年12月31日時点において3万7021名（英国9806名、インド1万853名、豪州1万1918名、ニュージーランド4444名）を数えることになる。派遣国別では豪州がもっとも多く、インド、英国、ニュージーランドがそれに続いた（表1－2）。

3　英国撤退、豪州残留

占領目的の達成

こうして英連邦占領軍は１９４６年中に日本に集結する。しかし、それもつかの間、同年10月には英軍の一部が早くも撤退の検討を開始する。[23]その理由は、日本占領の初期の軍事目的が想定よりも早く達成されたこと、そして英国の財政難と人的資源の不足にあった。１９４６年10月、英国内閣国防委員会は英連邦占領軍に参加する英軍の一部の撤退開始を決定し、豪州政府はそれを11月26日に了承した。マッカーサーも英軍の一部撤退が英連邦占領軍全体の解体には結びつかないと判断し、英国政府の決定を了承した。[24]

以降、英連邦占領軍の撤退が相次ぐ。[25]１９４７年１月22日、インドの制憲議会が独立宣言決議案を可決、アトリー英首相も２月20日になって１９４８年６月までにインドに主権を委譲することを表明した。インドの独立問題が急展開をみせるなか、インド政府は海外に進駐しているすべてのインド軍を１９４７年末までに引き揚げると発表、47年３月22日に豪州政府に通報した。[26]

豪州政府は英国、インドと続く英連邦占領軍離脱の動きがニュージーランドにまで波及することを恐れた。そのため、英国に対して翻意を促したものの、効果はなかった。１９４７年４月９日、インド軍の引き揚げやむなしと判断した豪州政府は米国に対し、インド軍を完全撤退させると通告した（マッカーサー・ノースコット協定では、「連邦軍は６ヵ月予告によって撤退できる」と定められていた[27]。

結局、英軍の撤退はニュージーランド政府の意思決定に影響を与えた。１９４７年２月22日、ニュージーランド政府は占領軍の縮小を豪州政府に通告した。ニュージーランド政府は英連邦占領軍が軍政機能を有しておらず、したがって占領政策にほとんど影響を与えていないこと、そして日本人には米占領軍の下部組織とみられていることに不満をもっていた。豪州政府はここでも翻意させることができず、１９４７年４月16日に、ニュージーランド軍を約２０００人縮小することを了承した[28]。

英国、インド、ニュージーランドの穴を埋めたのは豪州だった。それまで、広島県の占領を担っていた第34豪歩兵旅団はインド軍の撤退により、広島と四国４県に加え、岡山の占領も担当することになった。また、ニュージーランド軍の撤退により、山口県と島根県もそこに加わった。

英連邦占領軍「解体」の決定

１９４７年11月、英国はさらなる撤退を発表した。それにより、英連邦占領軍に編入された英軍はわずか８４５名（陸軍４５０名、海軍95名、空軍３００名）となった[29]。英空軍の撤退に伴い、島根県の占領任務は豪軍に移ったが、部隊は定員割れが生じていた。そのため、英軍から移管された美保基地（鳥取県）をはじめとするいくつかの基地を維持するのが困難となり、米軍に引き継ぐことになった。ニュージーランド軍も１９４８年９月までに２０５２名が帰国の途についた。同年11月には、最後の陸・空軍部隊が日本を離れ、４名の要員を残すのみとなった。事実上の完全撤退だった。[30]

１９４８年５月７日、豪州政府は米国に対し、英連邦占領軍を翌49年以降に２７５０名にまで削減したい旨、打診した。米国政府はそれに難色を示したが、余力のない豪州政府は11月24日に縮小を断行せざるをえない旨を通告。[31] １９４８年12月17日には英連邦占領軍の占領担当が中国・四国地区全体から、広島県と山口県岩国警察管区に限定され、他の地区は米軍に引き継がれた。こうして、英連邦占領軍の兵力は１９５０年３月１日の時点で２３５０人を数えるばかりとなった。[32]

１９５０年３月31日、豪州政府は所定の対日占領目的は達成されたと判断するに至った。それに伴い、英連邦占領軍（事実上の豪軍）の全面撤退を決定、米国及び他の英連邦諸国にもそれを伝えた。米国政府も５月19日にそれを承認した。[33] ところが、そこから１ヵ月で事態が急変する。

朝鮮戦争の勃発である。

第2章　朝鮮戦争——日米安保と国連軍地位協定

　ここまで在日国連軍基地とよんできたものは、正確には国連軍後方基地という。しかし、前方の説明なしに「後方」を説明するのは不親切なので、あえて在日国連軍基地と表してきた。本章ではまず、この国連軍後方基地とは何なのかをみていく。その前に、そもそもの「国連軍」が何なのかについても確認しておきたい。じつは「後方」の説明よりも厄介なのが「国連軍」なのだ。通常、日本にいる国連軍は括弧書きで「国連軍」とよばれたり、朝鮮国連軍とよばれたりする。なぜかはっきりと国連軍とはよばれない。しかし、そこには明確な理由がある。

　結論からいえば、ここまで本書が国連軍とよんできたものは、正規の国連軍ではない。日本政府も同様の立場をとっている。[1]朝鮮戦争に参加した米国の有志連合軍に「国連軍」の看板を掛けたものだともいえる。

このことを理解するためにも、以下では在日国連軍基地の出自である朝鮮戦争の歴史をみていく。朝鮮戦争は、戦後の在日米軍の問題を理解するうえでおそらくもっとも重要な出来事だ。そこで結成された国連軍、そしてその存在を担保する吉田・アチソン交換公文と国連軍地位協定、そして日米安全保障条約は戦後日本の安全保障の重要な起点を成すものである。

1　朝鮮戦争の勃発と日本の基地

開戦――国連安全保障理事会決議

1950年6月25日、北朝鮮軍は半島を南北に分かつ38度線を突破し、韓国軍を急襲した。[2]このときワシントンDCは米東部時間の6月24日土曜日午後だった。米軍の統合参謀本部は極東軍との緊急会談をもつとともに、ソウルの米大使館員の家族の脱出を決めた。米国は即時、この問題を国連安全保障理事会に提起、すぐさま緊急の安保理事会が開かれ、次のような決議が採択された。

（北朝鮮の）行動が平和の破壊を構成するものであると決定し、（中略）すべての加盟国に対し、この決議の実施について、国際連合にあらゆる援助を与え、かつ北朝鮮当局への援助の供与を慎むよう要請する。[3]

この決議は、賛成10に対しユーゴスラビアの棄権1で採択された。ソ連代表は欠席していた。欠席の理由は、1950年1月以降も中国の国連における代表権が中華人民共和国ではなく中華民国に割り当てられていることへの抗議だった。1950年6月27日、安保理は「国際連合加盟国が、武力攻撃を撃退し、かつ、この地域における国際の平和及び安全を回復するために必要と思われる援助を大韓民国に提供するように勧告する」[4]との決議を採択した。これには反対1（ユーゴスラビア）、棄権2（エジプト、インド）、賛成7だった。

トルーマン（Harry S. Truman）米大統領は同日、声明を発表し、6月25日の安保理決議に基づき、米海軍及び空軍に出動を命じた。さらに7月7日、フランスと英国は次のような決議案を安保理に提案し、採択された。「〔安保理事会は〕兵力その他の援助を提供するすべての加盟国が、これらの兵力その他の援助を合衆国の下にある統一司令部〔Unified Command〕に提供することを勧告し、合衆国に対し、このような軍隊の司令官を任命するよう要請」[5]する（傍点筆者）。つまり、安保理にではなく、米国に対して司令官の任命を要請したということだ。ここに至ってもソ連は欠席のままだった。

表2－1　国連軍への参加国　朝鮮戦争時

地上軍	オーストラリア、ベルギー、ボリビア、カナダ、中国（国民政府）、コロンビア、コスタリカ、キューバ、エルサルバドル、エチオピア、フランス、ギリシャ、ルクセンブルク、オランダ、ニュージーランド、パナマ、フィリピン、タイ、トルコ、イギリス、アメリカ
海軍	オーストラリア、カナダ、コロンビア、フランス、ニュージーランド、タイ、イギリス、アメリカ
空軍	オーストラリア、カナダ、南アフリカ連邦、イギリス、アメリカ
物資	フィリピン
輸送	ベルギー、カナダ、中国（国民政府）、デンマーク、ギリシャ、ノルウェー、パナマ、タイ、イギリス、アメリカ
医療	デンマーク、インド、イタリア、ノルウェー、スウェーデン、イギリス、アメリカ
その他	コスタリカ、パナマ、タイ

1950年7月8日、安保理決議を受けて、米統合参謀本部は国連軍（United Nations Force in Korea）の司令官にマッカーサー極東軍司令官を指名し、トルーマン大統領はそれを承認した。7月25日、東京に国連軍司令部（United Nation Command）が設置された。

そして、安保理決議に基づく軍事行動への参加国（15ヵ国、豪州、英国、仏国、ベルギー、オランダ、ルクセンブルク、ギリシャ、トルコ、ニュージーランド、カナダ、コロンビア、タイ、フィリピン、エチオピア、南アフリカ連邦）の派遣軍は、韓国軍とともに米軍のもとに編入された。

これに先駆けて、李承晩《イスンマン》・韓国大統領は、７月15日付でマッカーサーに書簡を送り、韓国の陸海空軍の指揮権をマッカーサーに移譲した。[6] マッカーサーは７月17日、ウォーカー（Walton Harris Walker）米極東軍第８軍司令官に対し、朝鮮における韓国軍を含むすべての地上兵力の指揮をとるよう指示した。国連軍の編成及び作戦指揮はもっぱら米国に一任されたということだ。

なお、開戦から約２年半が経過した１９５２年１月15日の時点で、朝鮮戦争に兵力及び物資、輸送、医療などを提供したのは表２－１の国々である。[7]

国連軍指揮下の兵力数でみれば、韓国軍（非国連軍）が59万人で最大規模だった。次いで、米軍の30万２５００人、英軍１万４０００人、カナダ軍６１００人、トルコ軍５５００人、豪軍２３０２人だった。[8]

戦争の経緯

かような国連軍の投入にもかかわらず初期の戦闘では北朝鮮軍の優勢が続いた。韓国軍を含む国連軍は一時、釜山《プサン》の一角に追い詰められた。ところが、その後、戦局は一転する。１９５０年９月15日に行われた仁川《インチョン》上陸作戦が奏功したからだ。[9] 退路を断たれることを恐れた北朝鮮軍は敗走を重ねた。攻勢に転じた米軍及び国連軍は、10月７日に38度線を突破し、北進を開始、「北朝鮮の武力攻撃を撃退し、朝鮮半島の平和を回復する」という初期の目標は、いつしか朝鮮半島全体の非共産化に変転した。戦線は拡大し、10月20日にはついに平《ピョン》壌《ヤン》に入城した。

これに対して中国は１９５０年10月25日頃から人民義勇軍の投入を開始した。形勢は再び北朝鮮・中国側に傾き、１９５１年1月初旬には米軍及び国連軍はソウルからの撤退を余儀なくされた。こうしたなか、3月24日になってマッカーサー国連軍最高司令官は中国本土の攻撃も辞さずと発言。これが大統領権限を無視するものだとの批判を招き、マッカーサーは4月11日に罷免される。後任にはリッジウェイ（Matthew Bunker Ridgway）中将が任命された。その後、１９５１年7月10日より停戦交渉が開始されるも交渉は難航、ようやく53年7月27日になって休戦協定が調印されるに至った。

国連軍とは何か

以上が、朝鮮戦争に参加した米国の有志連合軍としての「国連軍」が生まれた経緯である。

ところで、国連憲章が規定する正規の国連軍とはどのようなものか。

国連の集団安全保障体制の本質は、ひとえに国連が平和破壊国に対してとる強制措置にある。そのなかでも強力な軍事的強制措置をとるために組織されるのが正規の国連軍である。

表２－２　**国連憲章第７章**
「平和に対する脅威、平和の破壊及び侵略行為に関する行動」

第41条	安全保障理事会は、その決定を実施するために、兵力の使用を伴わないいかなる措置を使用すべきかを決定することができ、且つ、この措置を適用するように国際連合加盟国に要請することができる。この措置は、経済関係及び鉄道、航海、航空、郵便、電信、無線通信その他の運輸通信の手段の全部又は一部の中断並びに外交関係の断絶を含むことができる。
第42条	安全保障理事会は、第41条に定める措置では不充分であろうと認め、又は不充分なことが判明したと認めるときは、国際の平和及び安全の維持又は回復に必要な空軍、海軍又は陸軍の行動をとることができる。この行動は、国際連合加盟国の空軍、海軍又は陸軍による示威、封鎖その他の行動を含むことができる。
第43条	国際の平和及び安全の維持に貢献するため、すべての国際連合加盟国は、安全保障理事会の要請に基き且つ１又は２以上の特別協定に従って、国際の平和及び安全の維持に必要な兵力、援助及び便益を安全保障理事会に利用させることを約束する。この便益には、通過の権利が含まれる。

国連憲章第７章には、第42条から47条にかけて、陸・海・空軍兵力等の言葉が用いられており、これを用いる軍隊が憲章上、正規の国連軍である。とりわけ重要なのは、第41条から第43条までだ。

第42条は平和に対する脅威、平和破壊、侵略行為に対して、第41条の非軍事的強制措置が十分でない場合に、陸海空軍による強制措置をとりうることを規定する。[10]第43条以下は、その軍事行動に使用するための兵力の準備について書いてある。要点は第43条が、安保理が加盟国とのあいだに「特別協定」を結んで、それを根拠に安保理に対して軍隊を利用させると約束していることだ。ところが、この特別協定は朝鮮戦争の時点でも、２０２３年の現在でも存在しない。ソ連（ロシア）や中国を含む常任理事国がこの特別協定の内容について合意できないからである。

したがって、先述の１９５０年6月27日の安保理決議は、「この地域における国際の平和及び安全を回復するために必要と思われる援助」を韓国に提供することを、国連加盟国に「勧告」（リコメンド）したに過ぎない。つまり、憲章第42条が規定する「軍事的措置」をとることを国連加盟国に「要請」したものではないということだ。[11]

繰り返せば、そうならざるをえなかったのは第43条が規定する特別協定が存在しなかったためである。もしこのとき国連憲章第42条、第43条が発動され、本来の国連軍を派遣することが決議されていたならば、安保理の決定は加盟国に対して「勧告」ではなく、法的拘束力をもつ「要請」になっていたはずである。また、加盟国は国連軍に関する特別協定に基づき、兵力その他の軍事援助を与える義務を安保理に対して負うことになっていた。

しかし、現実の安保理決議はあくまでも勧告決議にならざるをえなかった。したがって、各国は法的にはこの決議に拘束されず、軍隊の派遣は加盟国が自由意思に基づいて決めるものとなった。言い換えれば、軍隊を引き揚げようと思えば、いつでもそれができるのである。第5章でみるように、このことがのちに問題を引き起こすことになる。

いずれにせよ、この時点での国連軍は、理事会の勧告に応じて提供された加盟国の軍隊を用いて即席で編成されたものだった。勧告に応じて軍隊を派遣した国の大部分は、すでに同盟その他の形で米国と安全保障関係をもつ国々である。国連加盟国の中には、米ソの東西両陣営の衝突の場となりえる朝鮮戦争に対して、傍観的な立場をとる国も少なくなかった。[12]

加えて、国連軍司令官（マッカーサー）を任命したのはトルーマン大統領だった。このときマッカーサーは極東米軍司令官を兼ねていた。したがって、指揮系統から考えても、彼はトルーマン大統領の下位に位置づけられる存在だった。つまり、国連軍司令官は国連の指揮下にではなく、米国大統領の指揮下に置かれていた。[13] さらにいえば、朝鮮戦争を機に結成された「国連軍」は、その後スエズやコンゴに派遣された国連警察軍とも異なり、予算も国連ではなく派兵した国が各々分担することになっていた。[14]

これらのことを踏まえれば、国連軍とは国連旗の使用が許された米国の有志連合軍のことだった。

日本からの出撃

それでもこのとき、曲がりなりにも「国連軍」が誕生しえた背景には、何よりも日本にすでに米軍が駐留し、朝鮮有事に反応できる体制が敷かれていたという事実があった。国連軍はその出自において、在日米軍（占領軍）と不可分の関係にあったのだ。当然、日本政府も朝鮮戦争の勃発直後から一貫して国連軍に全面協力する姿勢をみせた。１９５０年７月14日、吉田茂首相は国会で次のように述べている。

わが国としては、現在積極的にこれに参加する、国際連合の行動に参加するという立場ではありませんが、でき得る範囲内においてこれに協力することは、きわめて当然のことである。[15]

国連軍の総兵力のうち米軍の占める率は、陸軍が50％強、海軍が86％弱、空軍が93％強だった。[16] そのプレゼンスは圧倒的だった。１９５０年６月の時点で、朝鮮半島周辺には地上戦闘部隊として、日本本土に第８軍指揮下の第７歩兵師団、第24歩兵師団、第25歩兵師団、そして第１騎兵師団の四つの地上戦闘の兵力があった。

沖縄には琉球軍団指揮下の唯一の地上戦闘部隊、第29連隊があった。空軍は、極東軍指揮下に第５空軍（日本）、第13空軍（フィリピン）、第20空軍（沖縄）などがあった。[17] しかも日本には当時、あらゆる軍種が活用できる港湾、飛行場、演習地、交通・運輸のインフラがあった。米海軍は横須賀・佐世保基地に限定して戦力を展開していた。岩国には豪空軍の海上航空機の基地があった。米空軍も沖縄及び板付、伊丹、名古屋、東京、埼玉、白井（千葉）、三沢などに航空基地を展開していた。青森から沖縄まで、主に山頂を中心としてレーダーサイトを設置し、空における警戒・監視及び防空体制を敷いていた。[18]

戦争勃発後、米国は日本を拠点に戦争を遂行すべく、占領軍から国連軍への転換を図った。空軍からすれば韓国は米第5空軍の作戦範囲内にあった。そのため、早くも1950年6月27日には作戦行動を開始した。板付飛行場（福岡）、岩国飛行場（山口）からは戦闘機と偵察機が、横田と沖縄からは爆撃機がそれぞれ出撃し、芦屋と釜山のあいだは輸送機が往復した。戦争勃発後の1週間で、米陸軍第24師団の約400名が板付飛行場からC－54輸送機で、また第24師団の本体が門司《もじ》・佐世保・福岡から米陸軍のLSTで出港、それぞれ釜山に出撃した。その後、第25師団、第1騎兵師団などがさらに投入された。[19]

この結果、4300回の対地支援任務、2550回にわたる北朝鮮側の補給ラインに対する攻撃、1600回の偵察及び輸送任務が行われたが、飛行場の滑走路延長、施設の整備などの作業などの支援はすべて日本で行われた。[20]

以降、1953年の休戦まで、門司港及び小倉地区は国連軍陸上戦力の基地として韓国とのあいだをつないだ。米軍の小倉における基地、門司の港湾などは、武器・弾薬各種の物資輸送、陸軍部隊の出航・帰港、弾薬集積（山田弾薬庫）、兵士の訓練（曽根訓練場）、戦死者の処置（城野基地）、将兵の休養などに使用された。負傷した国連軍将兵は福岡（ブラッディ基地）、羽田などの飛行場を活用して各地の病院に収容された。[21]

海軍はどうか。基地としては佐世保・横須賀が最大限活用された。総数12隻以上の戦艦が逐次的に朝鮮半島に投入され、航空阻止、海上封鎖、掃海、輸送などの作戦を実行した。とりわけ、佐世保は海軍の作戦後方基地となり、海軍艦艇の使用及び陸軍をはじめとした兵士の出航、帰港、海軍補給基地として機能した。海軍は第7艦隊の空母及び戦艦を黄海及び日本海側に展開させて、航空攻撃及び艦砲射撃を行い、航空阻止及び海上封鎖を行った。艦船の補修や整備、空母艦載の航空機の整備は、佐世保・横須賀などで行われ、日本がそれを全面的に支援した。[22]

英連邦軍と日本

このとき英連邦占領軍（ＢＣＯＦ）はどうしていたのか。戦争勃発直後の１９５０年６月27日、米海空軍の派遣を決定したトルーマン大統領は、英連邦諸国にも軍隊の投入を要請した。この時点ではまだＢＣＯＦは日本にいたのである。米国の要請を受けた英国は、６月28日、航空母艦１隻、巡洋艦２隻と駆逐艦２隻などを投入することを決め、他の英連邦諸国に対しても参加を求めた。[23] もっとも、前章でみたようにＢＣＯＦはこのとき全面撤退を決めたばかりだった。そのため戦争勃発直後の6月28日時点で、日本にいた兵力はわずかに2094人だった。

1950年6月29日、マッカーサーはロバートソンBCOF総司令官に対し、日本に展開している第77豪飛行中隊を国連軍の指揮下に編入するよう要請した。[24]豪州政府はBCOFの戦争での使用と日本撤退延期を承認し、7月1日から軍事作戦に参加すると米側に伝えた。

BCOFの主力である豪空軍はこのとき岩国に駐留していた。1950年7月26日、豪、英、ニュージーランドの参加国は陸軍の朝鮮派遣を決定し、同日、呉市に駐屯していたBCOFの中核部隊を朝鮮に移動させるための準備を開始した。[25]9月27日、朝鮮へ向けて出港した豪軍の兵力は計1050人だった。[26]インドも医療部隊の派遣を決めた。朝鮮に派遣される英連邦軍の管理面（作戦ではない）での指揮権は、BCOFのロバートソン総司令官がとることになった。[27]一方、より重要な、作戦上の指揮権はマッカーサーの元にあった。

この戦争で、英連邦諸国は計9個連隊を朝鮮半島に送った。陸軍においては、たとえば英第27旅団及び第29旅団がインド軍第60救急衛生隊とともに第1英連邦師団に統合され、米陸軍第1軍団の傘下に入った。これらの部隊は釜山橋頭堡防衛戦、鴨緑江《おうりょくこう》への進撃にも参加している。[28]海軍は空母4隻、巡洋艦5隻、駆逐艦5隻を派遣した。とりわけ、豪空軍の第77中隊、P－51ムスタング戦闘機は米軍以外では最初の朝鮮派遣航空部隊であり、釜山橋頭堡作戦における歩兵部隊に重要な支援を行ったことが知られている。[29]

１９５０年11月９日以降、ＢＣＯＦは新たに英連邦朝鮮派遣軍（British Commonwealth Forces Korea：ＢＣＦＫ）とよばれるようになった。ただし、形式としてのＢＣＯＦも温存されたため、ＢＣＯＦとＢＣＦＫは１９５２年４月28日まで併存した。ＢＣＯＦ総司令官であるロバートソンがＢＣＦＫ総司令官を兼務することになった（両者の関係は総司令官をはじめ、兼務者が多く、流動的で区別できるものではなかった）。[30]

１９５０年11月以降、中国の参戦により朝鮮の戦局が悪化したことで、ＢＣＦＫが行う兵站支援、とりわけ医療及び通信分野での活動は増大した。このＢＣＦＫによる兵站支援は、呉を中心としたＢＣＯＦの基地を用いて行われた。ＢＣＦＫのオペレーションは、ひとえに呉に安全な基地を有し、兵員の訓練が可能で、休暇中の兵員に娯楽や文化施設、宿泊所を提供でき、かつ大規模な物資を補給することが可能だったことによる。日本占領を担った英連邦軍は朝鮮戦争の帰趨《きすう》を占う国連軍へと変容したのである。

2　旧日米安保条約と吉田・アチソン交換公文

国連軍によるこうした基地の使用について、日本とのあいだではいかなる取り決めが交わされていたのだろうか。じつは戦争が勃発した1950年6月から1年間はそれがまったくなかった。形式的には、被占領国である日本が連合国最高司令官マッカーサーの承認を得て、国連軍に自ら基地を提供することになっていた。もちろんそれらはすべて日本の頭越しに進められていた。日本は国連加盟国ではなかったため、冒頭でみた種々の安保理決議の当事者でもなかった。

そうしたなか、開戦から1年後の1951年9月8日、戦後日本の安全保障にとって最重要ともいえる三位一体の取り決めが交わされた。サンフランシスコ平和条約、(旧)日米安全保障条約、吉田・アチソン交換公文である。

朝鮮戦争の只中にあった米国の立場からすれば、日本の国際社会への復帰はゆめゆめ進行中の朝鮮戦争に支障をきたさないものでなければならなかった。したがって、サンフランシスコ平和条約第5条には、「国際連合が憲章に従ってとるいかなる行動についても国際連合にあらゆる援助を与え」ることが謳われた。このことは、同条約第3条によって、沖縄がそれまでどおり米国の統治下に置かれると規定されたこととも関係している。つまり、米国からみれば沖縄はこれまでどおり自由に「使える」が、サンフランシスコ平和条約が発効すれば日本本土の基地を使用することができなくなる。これは米国にとって深刻な問題だった。

したがって、右の三つの取り決めは、何はともあれ日本本土の基地を朝鮮戦争の出撃基地として維持するものでなくてはならなかった。

旧日米安保条約

そこで出てくるのが、まず日米安保条約である。[31]（旧）日米安保条約は下記3条を中心として全5条のじつに簡潔なものである。

第一条　平和条約及びこの条約の効力発生と同時に、アメリカ合衆国の陸軍、空軍及び海軍を日本国内及びその附近に配備する権利を、日本国は、許与し、アメリカ合衆国は、これを受諾する。この軍隊は、極東における国際の平和と安全の維持に寄与し、並びに、一又は二以上の外部の国による教唆又は干渉によって引き起こされた日本国における大規模の内乱及び騒じょうを鎮圧するため日本国政府の明示の要請に応じて与えられる援助を含めて、外部からの武力攻撃に対する日本国の安全に寄与するために使用することができる。〔傍線筆者〕

第二条　第一条に掲げる権利が行使される間は、日本国は、アメリカ合衆国の事前の同意なくして、基地、基地における若しくは基地に関する権利、権力もしくは権能、駐兵若しくは演習の権利又は陸軍、空軍若しくは海軍の通過の権利を第三国に許与しない。

第三条　アメリカ合衆国の軍隊の日本国内及びその附近における配備を規律する条件は、両政府間の行政協定で決定する。

基地との関連でいえばまず第1条で、米軍の日本駐留を認めるとともに、米軍が極東の平和と安全の維持に寄与することを謳う「極東条項」が設けられた。いうまでもないが、朝鮮半島は極東に位置している。したがって、この第1条を根拠に、在日米軍は引き続き朝鮮戦争を遂行するための基地として日本本土を無期限に使用する権利を得た。権利であるから、それを行使するかどうかは米国の判断による。つまり、不要だと判断すれば、いつでも撤退することができる。

朝鮮戦争の遂行が目的ならば、なぜ朝鮮ではなく極東なのか、との疑問も生じる。米軍部はこの点、朝鮮半島での「作戦行動が満洲や中国沿海州に拡大」するような事態においても、行動の自由を確保したいと考えていた[32]。つまり、「朝鮮」は狭すぎるということだ。のちの安保改定でも登場するこの「極東」という言葉は、最初から中国との対立を見据えたものだった。いずれにせよ、この時点で、日本本土には700余りの占領軍のための基地があったが、今度はそれを駐留軍としての米軍が使用することになった[33]。

この条約について日本側がとくに問題視したのは、次の四点である。第一に、米国による対日防衛義務が明記されていない。第二に、外国による教唆や干渉によって引き起こされる日本国内の内乱を鎮圧するために、米軍が出動できる。[34]第三に、日本が米国以外の第三国に基地を与えないことが約束されている。第四に、米軍が日本本土のどこにどれだけ駐留するか、あるいは米軍の法的地位については、国会の承認を必要としない行政協定で取り決める。

このなかでも以後の基地問題を考えるうえでとくに重要なのが、最後の行政協定である。詳しくみていこう。

(1)行政協定

一見すると日米安保条約の細目協定、あるいは付属品のようにみえる行政協定（のちの日米地位協定）は、じつのところ在日米軍基地の最大の眼目だといってもよい。米国がこの行政協定を国民に公表しないよう日本側に求めていたことからも、その重要性がうかがえる。

日本側ははなからこれが政治的に厄介な問題になりえることを理解していた。そもそも安保条約本体が5条からなるごく簡潔なものになったのも、政治的な条約は簡潔な文書にしなければならないとする外務省の意向があったからである。外務省としては、一読して占領から脱したことがわかる文書でなければ国民の納得を得られないと考えていた。その意味において米軍の継続駐留に関する細目は、安保条約本体から切り離して、政府間協定にて処置すべきだと考えられた。日米両国は「安保条約という本条約をつくり、その委任に基づいて駐留軍の地位に関して政府限りの協定をつくること」に共通の利益を見出していた。[35]

1952年2月28日、日米行政協定が調印・締結（発効は同年4月28日）された。なお、同協定は外交関係の処理の一環として位置づけられる行政取極であり、国会の承認手続きを経ていない。

主な内容は、次のとおりである。[36] 米国は陸・海・空三軍の基地を日本中どこでも、いくつでも設置することができ（第2、3、4条）、費用は日米折半で、鉄道、通信、電力は米軍が優先的に使用する（第6、7、8条）。裁判権については、米軍の要員（米軍の構成員及び軍属ならびにそれらの家族）が日本国内で犯すあらゆる犯罪について、米軍が専属的裁判権を日本国内で行使する（第17条）。米軍の裁判権は、日本の主権回復後も占領下と同等の扱いが継続されることとなったということである。ただし、それはNATO軍地位協定が発効するまでの暫定的な措置だった。NATO軍地位協定が発効され次第、行政協定をNATO軍地位協定並みに改正することも予告されていた。[37]

この点、米国が世界中の接受国等とのあいだで締結する地位協定の裁判権に関する規定は、細部に違いはあれど、大枠は共通している。[38] 集団防衛条約であるNATOが策定するNAT

O軍地位協定が基準である。実際、日米行政協定もこのNATO軍地位協定が発効した1953年8月23日以降に改定交渉が行われ、同年9月11日に裁判権を規定した第17条が改定されている。そこでは、いわゆるNATO方式として、公務執行中の犯罪及びもっぱら米国の安全、財産、または米軍に属する他の軍人、軍属、家族の身体、財産に対する犯罪以外のすべての犯罪に対して、日本が第一次裁判権をもつことになった。

しかしながら、この行政協定の交渉過程において、日本側は実質的に重要と考えられる事件を除き、裁判権を行使するつもりがないことを米側に伝達している[39]。米側もとくに重要な事件を除き、第一次裁判権を行使しないよう日本側に求めていた。とはいえ、これが日米間の「密約」にあたるかどうかは議論が分かれるところである。密約を否定する外務省の論理としては、これはたんに日本側の方針を一方的に米国側に表明したに過ぎず、国際的な「約束」にはあたらないというものである。他方、これが密約にあたると考える論理としては、日本が公式には第一次裁判権を放棄していないことを踏まえたうえで、「陳述」という形で、事実上それを放棄することを米国に保証し、しかもその存在を国民に対して公にしなかった点を問題視する。

日本政府はのちにそれを裏付ける文書が存在することが明らかになってなお、行政協定は国家間の合意ではないとして、その密約性を否定している[40]。いずれにせよ、このとき改正された第17条は、のちの日米地位協定（1960年の安保改定に伴い行政協定は地位協定へと改められた）にも引き継がれることになる。

(2)運営マニュアル

行政協定はいわば基地の運営マニュアルである。そしてこのマニュアルに沿って基地政策を実施する機関が、日米合同委員会（第26条）である。この合同委員会について行政協定では「特に、合衆国が安全保障条約第1条に掲げる目的の遂行に当って使用するため必要とされる日本国内の施設または区域を決定する協議機関として、任務を行う」と定められた。つまり、基地を具体的にどこに置くかを決めるのは、この日米合同委員会だということである。

同委員会の下には財務や調達、演習等の課題ごとに15の分科会がつくられた。当時、日本側の出席者は主として外務省の国際協力課第3課、米側は70名の参加者中、33名が米極東軍の軍人だった。この分科会の決定が合同委員会の本会議に上げられ、そこで協議のうえ決定されるというのが基本的なラインだった。

しかし、実際のところ、そこでの最終決定は合同委員会ではなく、米国ないし米軍が行い、それが同委員会に通達されていたとの指摘もある。[41]たとえば、調達について契約上の紛争が生じた場合には、合同委員会に設置された紛争処理委員会に持ち込まれ、それでも解決できない場合は、米極東軍の陸海空代表者からなる契約上訴委員会で取り上げられる。そこでの決定に不服がある場合は、米本国の上訴機関、もしくは連邦裁判所に提訴する手続きになっている。[42]上訴の系統を辿るにつれ米国の管轄に入っていく（すなわち、日本側は関与できない）ということである。

(3)全土基地方式

もう一つ重要なことがある。行政協定は米国が基地をどこに、どれだけ置くかについて明記していない。あくまでも、日米合同委員会でそれを決定することになっている。これは「全土基地方式」とよばれるものであり、他国と比較しても特異な点である。

たとえば、基地の使用に関する米英協定（1941年3月）では、バミューダ島やカリブ海、英領ギアナなど、8地区の基地の使用が合意されている。米国とフィリピンのあいだの協定（1947年3月）では23地区（16基地）が、グリーンランドの基地をめぐる米国とデンマークの協定（1951年4月）では3地区（14基地）が指定されている。[43]つまり、それ以外の場所を軍事的に使用したり、ましてや基地を設置したりすることは許されないということだ。それがしたければ、そもそもの協定を改定しなければならない。言うまでもなく、それに要する政治的コストは甚大である（現行の日米安保条約を改定することを想像されたい）。

図2－1　**日米合同委員会**
米軍機墜落事故の原因調査のための分科委員会。右端は安斉日本側議長、左端はダイザー米側議長、東京、1977年12月2日

一方、日本とのあいだの日米安保条約、行政協定では、繰り返せば、基地の範囲や場所が明記されていない。これは現行の日米安保条約及び日米地位協定も同様だ。具体的な決定は、合同委員会の協議に委任している。したがって、基地はあとから移設できるし、新設もできる。解釈によっては、これは柔軟性が高く、問題の多い基地を別の場所に移すことで、当面の問題を退けられる良い制度にもみえる（第4章）。沖縄にある基地を本土に引き取ろうとする今日的な運動も、この全土基地方式を前提とするからこそ成立するものである[44]。

しかしながら、このことは他方では、基地の移転先、ないし移転の候補となる地域において新たな基地問題を生起させうる。いわゆる基地負担のたらい回しだ。日本の基地問題の特徴は、基地問題が対米問題ではなく国内政治の問題に回収される傾向が強いところにある。そうなるのは、この全土基地方式、すなわち基地の国内移転を可能にする行政協定、ないし現行の地位協定に根本的な原因がある。

(4)国内の不満

かような旧日米安保条約については、日本国内でも多くの不満の声が聞かれた。平和条約発効（１９５２年4月28日）直後の『朝日新聞』の調査によれば、日本が独立したと考える者は41％に過ぎず、40％は独立していないと答え、残りの19％がわからないと答えた。そのため早くも１９５５年には安保改定に向けた動きが国内で生じ、次章でみるように１９６０年6月にはその改定が実現する。

もっとも、日本にとっては問題含みのこの条約も、米国の側からみればそうならざるをえない理由があった。繰り返すが、米国にとっては日本を国際社会に復帰させるという政治的な目標と、他方で進行中の朝鮮戦争に一切の支障をきたさないという軍事的な目標は両立させなければならないものだった。日本政府もそうした米側の事情についてはよくわかっていた。旧日米安保条約の前文には日本側のそうした苦心がよく表れている。

日本国は、武装を解除されているので、平和条約の効力発生の時において固有の自衛権を行使する有効な手段をもたない。無責任な軍国主義がまだ世界から駆逐されていないので、前記の状態にある日本国には危険がある。よって、日本国は平和条約が日本国とアメリカ合衆国の間に効力を生ずるのと同時に効力を生ずべきアメリカ合衆国との安全保障条約を希望する。〔中略〕アメリカ合衆国は、平和と安全のために、現在、若干の自国軍隊を日本国内及びその附近に維持する意思がある。

ここでいっているのは、日本が米軍の駐留を「希望」し、それに応えて米軍が軍隊を「維持する意思がある」ということである。米国からみれば、米軍基地の展開は、米国が日本に与える恩恵である。だからこそ、日本は行政協定も全土基地方式も受け入れざるをえなかった。

一方、日本政府としてはとにもかくにも占領から脱し、国際社会に復帰することを優先させなければならなかった。朝鮮戦争における戦闘は幸いにして日本に「飛び火」することはなかった。それでも占領終結後の日本を取り巻く安全保障環境が脆弱《ぜいじゃく》であることを思い知るには十分だった。日本は軍事力を解体されており、憲法の制約ゆえに軍事力を用いて米国を防衛することはできなかった。

このことは条約の骨格を決めるうえで決定的だった。憲法9条の制約は、米国が他国と同盟（相互防衛条約）を結ぶ際の条件、すなわち1948年6月の米上院外交委員会での「ヴァンデンバーグ決議」を満たさないことを意味したからである。

どういうことか。NATO条約をはじめとする米国が加わる相互防衛条約には、「単独に及び共同して、自助及び相互援助により、武力攻撃に抵抗するための個別的及び集団的能力を維持し発展させる」との文言が入っている。重要なのは「共同して」と「相互援助」の部分である。この時点で、日本は有効な自衛手段すらもっていない。憲法上の制約によって戦力を保持せず、交戦権を認めない日本がいかにして米国を援助できるのか。いわゆる集団的自衛の問題である。

そもそも、形式上（法律）の能力と実質上（軍隊）の能力をもつ国家のあいだに相互に助け合う関係を設定するのが相互防衛条約である。それを踏まえれば、日本は国連憲章第51条に規定される集団的自衛に関する取り決めを実行する当事者になりえず、したがっていわゆるNATO並みの相互防衛条約を結ぶ資格を有していないことになる。米国による対日防衛義務が明記されないのは、少なくとも米国からみれば当然だった。

いずれにせよ、このとき戦後日本の安全保障政策の最初の一歩が踏み出された。この一歩は重要である。外交・安全保障政策には経路依存性（走り出したら止まらない）があるからである。実際、ここで合意された日米関係の構造は、その後長期にわたり日本の安全保障政策を規定していくことになる。

吉田・アチソン交換公文

米国にとってはサンフランシスコ平和条約で沖縄の占領を継続し、日米安保条約で日本に米軍を駐留させるだけでは満足できない問題があった。英連邦軍、すなわち国連軍参加国の問題である。旧日米安保条約はなるほど米軍への基地提供を認めるものだった。しかし、英連邦軍への基地提供については、当然だが言及はなかった。しかし、英連邦軍はこの時点でまだ日本にいた。そして、朝鮮戦争を戦っていた。にもかかわらず、英連邦軍はサンフランシスコ平和条約第6条の規定により、日本の主権回復後90日以内に日本から撤退しなければならなかった。

米国にとってそれは戦争の遂行に支障をきたす重大な問題だった。そこで米国が日本と交わしたのが、吉田・アチソン交換公文である。正式名称は、「日本国とアメリカ合衆国との間の安全保障条約の署名に際し吉田内閣総理大臣とアチソン国務長官との間に交換された公文」だ。

交換公文も条約である。交換公文（Exchange of Notes）というと、いかにも軽い印象を与えるかもしれないが、そうではない。条約は、本来それぞれの国の政府を拘束するところの

図2－2　吉田茂首相とアチソン国務長官、日米安保条約の調印
サンフランシスコ、1951年9月8日

法的な合意文書であり、その名称は条約、協定、議定書、交換公文など様々である。その名称がどうであれ、外交上の拘束力をもつ外交文書はすべて条約と位置づけられる[45]。

吉田・アチソン交換公文の要点は次である[46]。第一に、サンフランシスコ平和条約が効力を発生すると同時に、日本は国連憲章第2条の義務を引き受ける。すなわち「すべての加盟国は国際連合がこの憲章に従ってとるいかなる行動についてもあらゆる援助を与え、かつ、国際連合の防止行動または強制行動の対象となっているいかなる国に対しても援助の供与を慎まなければならない」とする、憲章第2条の規定を、国連加盟国ではない日本が受け入れるということだ。

第二に、この時点で日本が「連合国最高司令官の承認を得て、施設及び役務を国際連合加盟国でその軍隊が国際連合の行動に参加しているものの用に供することによって国際連合の行動に重要な援助を従来与えてきたこと、また現に与えていること」を確認する。そのうえで、「将来は定まっておらず、不幸にして、国際連合の行動を支持するための日本国における施設及び役務の必要が継続し、又は再び生ずるかもしれ」ないため、「平和条約の効力発生の後に一又は二以上の国際連合加盟国の軍隊が極東における国際連合の行動に従事する場合には、当該一又は二以上の加盟国がこのような国際連合の行動に従事する軍隊を日本国内及びその附近において支持することを日本国が許しかつ容易にする」ことを約束する。

要するに、日本が現に極東で行われている国連軍の行動に対し、引き続き基地と兵站支援を与える、というのが同交換公文の趣旨である。形式的にいえば、この時点で国連加盟国でなかった日本が、主権国家としての自発的意思に基づいて極東にいる国連軍のための基地と支援を提供することを、安保理にではなく、米国に約束するということになる。条約の対象範囲が朝鮮ではなく極東となっていることも重要である。米国は朝鮮戦争が満洲他に拡大するシナリオを想定していたため、朝鮮では狭すぎると考えていた。

この問題は今日の文脈においてはことさら重要な意味をもつ。米国側の解釈では極東には台湾（海峡）はもちろん、中国本土が含まれるからである。[47] この「極東」が意味するところについては、このあと日米間で大きな論点となっていく（第3章）。いずれにせよ、吉田・アチソン交換公文によって旧日米安保条約がカバーしていなかったBCOF（英連邦占領軍）／BCFK（英連邦朝鮮派遣軍）の軍隊を、日本に残留させることが可能になった。

次章で混乱を招かないように、先に触れておく。吉田・アチソン交換公文の本条約（直観的な意味を重視し、以下、親条約という）は、サンフランシスコ平和条約である。先述のように、サンフランシスコ平和条約第5条は、国連憲章第2条に掲げる義務（国連が憲章に従ってとるいかなる行動についてもあらゆる援助を与える義務）を果たすことを約束している。これは冒頭でみた朝鮮戦争関連の安保理決議を念頭に置いたものである。したがって、このサンフランシスコ平和条約第5条は、つまるところ日本に国連軍への全面的な支援と協力を求める条項である。ゆえに、国連軍を支持し援助することは、日本が主権を回復するために締結したサンフランシスコ平和条約上の義務だということになる。

言うまでもなく、現在も日本はサンフランシスコ平和条約に拘束されている。米国側からみれば、万が一、日米安保条約が終了した場合も、国連軍として行動する場合の在日米軍、そして英連邦軍を含む国連軍参加国は、吉田・アチソン交換公文と、次にみる国連軍地位協定を根拠に日本に駐留させうるということだ。

なお、日本以外の国、たとえば英連邦諸国も同じように国連軍への協力義務があるかというと、そうではない。なぜなら、すでにみた安保理決議１５８８（１９５０年７月７日）は、朝鮮における軍事的強制行動に参加することを勧告したに過ぎないものだからである。彼らにとって国連軍への参加・協力はあくまでも任意である。日本とは違う。

3　国連軍地位協定——友軍の地位

吉田・アチソン交換公文によって駐留の継続が担保された英連邦軍だったが、さりとて彼らがどこにどれだけ駐留するのか、また地位はどうなるのか等については未規定だった。したがって、米軍でいうところの日米行政協定にあたるものを、早急に用意しなければならなかった。サンフランシスコ平和条約が発効する前日の１９５２年４月27日、米国は国連軍の地位に関して、「平和条約発効後90日以内に必ず締結する」と記された書簡を日本政府に手交した[48]。

日本政府にとってもそれは望むところだった。国連軍が駐留する地域の住民や労働者が多くの点で困難な状況に置かれていたからだ。

地位協定の必要性

サンフランシスコ平和条約の発効によりそれまで英連邦軍を受け入れていた自治体は、施設、労務、ガス・水道・電気などを英連邦軍に無料で提供する義務から解放された。基地の使用は有料になったのだ。この点、英連邦軍からは、自分たちは米軍と同じく命をなげうって戦っているにもかかわらず不公平だ、との声が上がっていた。

英連邦軍の基地で雇用されていた日本人労働者、約1万2000人にとってもこの問題は深刻だった。[49] 彼らの立場は、それまでの日本政府による間接雇用から英連邦軍による直接雇用へと切り替わった。それにより日本政府による間接雇用が継続された米軍基地で働く労働者よりも待遇が悪化していた。

1952年2月28日、外務省の西村熊雄条約局長は平和条約の発効までに国連軍の駐留条件に関する何らかの協定を結ぶ必要があること、そしてそれは個々の参加国との個別協定ではなく、国連軍とのあいだの総括的協定となるのが望ましいとの意向を示した。[50] そこで問題となったのが、国連軍とは誰かということである。つまり、それが国連軍としての行動なのか、米軍としての行動なのかを見極めるのは困難なのだ。なぜそのことが問題になるかといえば、在日米軍に関するルールや地位については、すでに日米安全保障条約／日米行政協定によってカバーされていたからである。それとの重複をどうするかはじつに厄介だった。

1952年6月14日、国連軍司令部がそれまでの第一生命相互ビルから市ヶ谷旧陸軍省跡へと移転し、翌月7日から国連軍との予備交渉が始まった。

国連軍側の代表者は駐日米大使館のボンド（Niles W. Bond）参事官だった。彼は国連軍も米軍と同じく極東の平和の維持を目的とするものであるから、日本駐留に関して与えられる待遇も同一のものであることが望ましいと主張した。これに対して、日本側の代表、外務省の奥村勝蔵参与は、国連軍は直接日本の防衛にあたる米軍とはその立場を異にするものであり、その待遇は別にすべきであると主張した。[51] 一方、岡崎勝男外務大臣は、次のように述べた。

> 一国内にいくつかの外国軍隊がある場合、その駐留の動機によって待遇に差をつけるべきではないという国際法の面からの反対があり、また実際上、在日米軍が国連軍としての活動を区別することがむずかしいことからみて、同じ朝鮮戦線で戦っている国連軍でありながら、米軍と英連邦軍とで日本における待遇が異なるということが起ることは英連邦軍の士気にかかわるという反対もある。[52]

そうした配慮から、交渉では出入国手続き、課税等についてはおおむね日米行政協定の関係条項に準じた線でいくことが合意された。日米行政協定における合同委員会と同じ性格をもつ「合同会議」を設けることも決まった。合同会議は、国連軍地位協定の解釈と具体化について日本と国連軍を構成している各国政府と協議及び同意するための機関であり、東京に設けられることになった。メンバーの構成は日本側から1名、国連軍司令部から1名の代表を出すこととなった。名称を合同会議としたのは日米行政協定に基づく合同委員会との混同を避けるためだった。[53]

国連軍としての米国の扱い

国連軍地位協定は1954年2月19日、「日本国における国際連合の軍隊の地位に関する協定」として調印された（同年6月11日発効[54]）。署名者となったのは、米国政府ではなく「統一司令部として行動するアメリカ合衆国政府」だった。この違いは重要であり、本書でも以降、たびたび言及することになる。同協定第1条に関する公式議事録では、「この協定の適用上、アメリカ合衆国政府は「統一司令部として行動するアメリカ合衆国政府」の資格においてのみ行動する。日本国における合衆国軍隊の地位は、1951年9月8日にサンフランシスコ市で署名された日本国とアメリカ合衆国の間の安全保障条約に基づいて行われる取決

図２－３　**国連軍地位協定の調印**　握手を交わす岡崎勝男外相（左）とパーソンズ米代理大使、ほかイギリス代表、カナダ代表、オーストラリア代表、ニュージーランド代表など、1954年２月19日

めにより定められる」と規定された。[55]
つまり、日米安全保障条約によってすでにカバーされている在日米軍には、この国連軍地位協定は適用されないということである。しかし、在日米軍が国連軍に編入された場合には、こちらの国連軍地位協定が適用される余地が残された。
このような経緯から、同協定は日本と、「統一司令部として行動するアメリカ合衆国」、「国際連合の諸決議に従って朝鮮に軍隊を派遣している国の諸政府」であるカナダ、ニュージーランド、グレートブリテン及び北部アイルランド連合王国、南アフリカ連邦、豪州、フィリピンの８ヵ国が、まずは調印した。その後、同年４月12日にフランス、そして５月19日にイタリアが署名した。同協定は日本の国会の承認を得て、１９５４年6月11日に発効した。以降、同年8月22日にタイ、そして58年6月16日にトルコが協定に署名した。

繰り返しになるが、この協定の前提となる親条約は、サンフランシスコ平和条約と吉田・アチソン交換公文である。この論理のリンクは重要だ。平和条約の条件として、国連の行動に対してあらゆる援助を与えなければならないという国連憲章第2条の義務を日本が受諾する。その帰結として、国連が始めた朝鮮における行動に対して協力するという吉田・アチソン交換公文が生まれる。その交換公文によって駐留を認められた国連軍の地位なり待遇なりを定めたのが国連軍地位協定である。この点、日本政府も「国連軍協定の基本条約は何かという質問に対しては、平和条約及び吉田・アチソン交換公文が基本条約であると答えるよりない」との立場を明確にしている。[56]

１９５４年６月29日、続いて国連軍関係の暫定労務契約が日本と国連軍のあいだで調印された。これにより、それまで英連邦軍に直接雇用されていた日本人労働者1万３０００人は、調達庁が雇用主となって間接雇用することになった。[57]それだけではない。国連軍の諸権利と、日本の義務を保障するための日本の国内法として、国連軍地位協定の実施に伴う刑事特別法、国連軍地位協定の実施に伴う土地等の使用及び漁船の操業制限等に関する法律をはじめいくつもの国内法が制定された。

サンフランシスコ平和条約、吉田・アチソン交換公文、国連軍地位協定、そして国連軍地位協定の実施に伴う国内法によって、在日国連軍のための戦後日本のもう一つの基地構造が誕生したのである。

協定の中身

では、国連軍地位協定の中身をみていこう。

協定は前文と全25条からなっている。まず国連軍の軍人、軍属、家族の日本への出入国は、人数の通告だけで、旅券査証は免ぜられる（第3条）。なお、1954年時点で広島（呉、広地区）にはあわせて約3000〜4000人の英連邦軍が駐留していた[58]。また、国連軍は日本の港、飛行場の使用にあたって入港料、着陸料を課されない（第4条）。基地が必要でなくなったとき、原状回復の義務や補償の義務を負わない（第5条）。日本の公益事業、及び公共の役務を日本政府より不利でない条件で使用できる（第6条）。諸種の租税や関税などを免除される（第9条、第12条、第13条、第14条など）。

これらは国連軍の軍人・軍属・家族に、日米行政協定とほぼ同じ内容の権利を保証するものである。刑事裁判権も同様である。すなわちNATO方式として、公務執行中の犯罪及びもっぱら米国の安全、財産、または米軍に属する他の軍人、軍属、家族の身体、財産に対する犯罪以外のすべての犯罪に対して、日本が第一次裁判権を有することとなった。なお、この時点でNATO条約はすでに発効（1953年8月23日）し、先述のように行政協定第17条も改定されていた。国連軍地位協定はそれらと足並みを揃えた格好である。
行政協定との違いといえば、まず国連軍は日本から提供される私有財産については賃貸料等の対価を支払うことになっている（第15条）。そして、重要なのは撤退の条件である。協定第24条にはこうある。

すべての国際連合の軍隊は、すべての国際連合の軍隊が朝鮮から撤退していなければならない日の後90日以内に日本国から撤退しなければならない。

これは朝鮮から実際に撤退が完了した日から90日以内ではなく、撤退すべきことになった日から90日以内ということである。したがって、たとえば国連において国連軍の撤退期日について決議された場合、仮に朝鮮に国連軍が残っていたとしても、当該決議において何月何日に撤退すると決められた日から90日以内ということになる。これが日本政府の解釈である。[59]
また、第25条は下記のようになっている。

すべての国際連合の軍隊がその期日前に日本国から撤退した場合には、この協定及びその合意された改正は、撤退が完了した日に終了する。

つまり、朝鮮に国連軍がいるかいないかにかかわらず、日本から国連軍が撤退した時点で、国連軍地位協定は失効するということである。この点は、米中和解後の1970年代に争点化する（第5章）。

基地の「又貸し」と自由使用

国連軍地位協定には、現行の日米安保条約（1960年）にあるような「事前協議」の取り決めはない。さらに第5条2項では、国連軍が在日米軍基地を使用できると規定されている。つまり、在日米軍基地の「又貸し」が許されているのだ。

重ねて整理しよう。在日米軍の地位は、日米安保条約に基づく日米行政協定で定められる。国連軍として駐留する米軍の地位は国連軍地位協定で定められる。このことから、いったん米軍が国連軍に編入されれば、彼らは日米地位協定ではなく、国連軍地位協定によってその地位が再規定されうる。すると朝鮮戦争が再開した場合、米軍は国連軍として事前協議の制約なしに、日本の基地を使用することができるとの解釈に道が開かれる。これは第5章でみる「朝鮮議事録」との兼ね合いで重要な点である。

なお、国連軍地位協定は日本に駐留する兵員の数について、第3条1項で、入国は日本が許可し、施設・区域の使用は第5条1項にて合同会議で協議して決めるとしている（当時、日本は国連軍に対して75の基地を提供していた）。したがって、日本が入国を許可しない場合もありえるし、合同会議において施設の使用を断念させる事態も想定されている。しかし、実際のところ日本側にこうした「拒否権」があるとは考えられていなかった。外務省の下田武三条約局長は1954年4月の時点で、次のように述べている。

実際問題といたしましては、吉田・アチソンの協力の建前から言って、日本が許可権を持っているが、〔中略〕それをヴィトー（拒否権のこと。筆者注）のように行使することは、吉田・アチソン交換公文の大精神及び平和条約第5条の大精神からいたしまして、政治的にできない問題であると存じます。[60]

日本に駐留し、日本の基地を使用する国連軍がどれだけ大規模なものになろうと、日本政府としては政治的にはそれを容認せざるをえないということである。

多国間安全保障枠組み

これらのことを踏まえれば、日本は1954年の国連軍地位協定締結以降、事実上の多国間安全保障の枠組みの中にいる、といっても過言ではない。もちろん、吉田・アチソン交換公文／国連軍地位協定それ自体は、国連憲章第52条にいう「国際の平和及び安全を維持するための地域的取り決め」ではない。あくまでも、憲章第2条、すなわち国連の行動に参加する国に対する支援、として位置づけられるものである。[61] しかし、憲章にいう「地域的取り決め」かどうかは別にして（すなわち、国際法学上の整理はさておき）、現実に日本の戦後の安全保障は米国との二国間の安全保障関係によってのみならず、国連軍という多国間の枠組みによってカバーされてきたのだ。

それは他国による日本防衛の問題を考える上でも同じである。この点、既出の下田は国会で重要な発言を行っている。

吉田・アチソン交換公文の国連軍協定には、在日国連軍が日本防備のために戦うという規定はどこにもございません。しかし、全然、これとかけ離れまして、ご承知のアンザス協定、アメリカ、豪、ニュージーランドの三国間に締結されております相互防衛援助協定によりますと、豪軍、ニュージーランド軍に対する攻撃は、豪州、ニュージーランドの本国において攻撃された時だけでなく、太平洋の他の地域において攻撃されても、援助の発動原因になるわけでありまして、そちらの方からやはり日本におる豪兵、ニュージーランド兵が攻撃されれば、三国間の相互援助義務が発生することになると考えるのであります。でございますから、結果におきまして、間接的にやはり日本におる国連軍も戦うことがあり得る、という結果にあいなるわけでございます。[62]

噛み砕けばこういうことである。

たとえば、豪軍は国連軍地位協定に基づいて日本に駐留することができる。もちろん同協定は、彼らが日本の防衛に関与することを約束していない。しかしながら、彼らは別途、米国とニュージーランドとのあいだでＡＮＺＵＳ条約を結んでいる。ＡＮＺＵＳ条約の地理的範囲は太平洋地域である。太平洋地域には日本が含まれる。したがって、日本が他国から攻撃を受け、それによって日本にいる豪軍、米軍、ニュージーランド軍のいずれかが巻き込まれれば、ＡＮＺＵＳ条約が発動する。これにより豪、ないし米、ニュージーランドはそれが間接的であるにせよ、日本の防衛に資する軍事行動に着手する可能性がある。つまり、日本は国連軍の枠組みの中にいることで、自動的に多国間同盟であるＡＮＺＵＳの恩恵に与《あずか》る場合があるということだ。

当然、こうした問題については異なる二つの評価がありえる。まず、在日国連軍が日本の安全保障にとって有益だとのポジティブな評価である。戦後の日本の安全保障は、米国のみならず欧州やアジア太平洋地域の友好国によって重層的かつ強固に維持されていると考えられるからである。この点は終章でも述べる。

他方、それとは逆に、その存在が、日本の戦争に巻き込まれるリスクを高めるものだとのネガティブな評価もありえる。実際、日本政府は国連軍を受け入れることによって日本自身が攻撃される事態が生起しうることについては、１９５０年代当時からはっきりと認識していた。そしてそのような場合には、自衛隊ならびに米軍がそれを撃退するとも説明していた。[63]しかも、日本はそうしたリスクを避けようにも、国連軍に対して直接、撤退を求めることはできない。国連軍の駐留は、国連安保理決議に基づくものであり、日本は個別の参加国に対して撤退に関する交渉を行う立場にないからだ。このことは日本政府も認めるものである。[64]

もっとも、このときできあがった国連軍の枠組みは必ずしも盤石ではない。なぜなら、国連軍地位協定の親条約である吉田・アチソン交換公文は朝鮮戦争の継続を前提としていたからだ。朝鮮戦争が終結し、吉田・アチソン交換公文が失効すれば、国連軍地位協定もその根拠条約を失う。しかし、この制度上の脆弱性は次章でみる安保改定交渉の過程で克服されていくことになる。

第3章　安保改定と国連軍

本章がみていくのは、1960年に改定された日米安保条約（現行の日米安保条約）が、日本の米軍基地と国連軍基地をどのように再規定したか、という問題である。とくに注目するのは、吉田・アチソン交換公文の改定だ。安保改定と同時に日米両政府は「吉田・アチソン交換公文等に関する交換公文」（以下、新交換公文）を交わすことになった。新交換公文は今なお有効だが、この分野の標準的な教科書でもその詳細に触れられることはほとんどない。しかしながら、それは在日国連軍を長期に安定させ、かつ米軍の極東における行動の自由を担保するうえできわめて重要な意味をもつ。

1　安保改定——基地の自由使用と朝鮮議事録

前章でみたように、旧日米安保条約ははじめから問題含みだった。したがって、その早期改定は日本政府にとって悲願だった。問題はいつ、どのように改定するかだったが、主要な争点はやはり基地だった。サンフランシスコ平和条約発効後も日本には多くの基地が残った。すでにみた内灘事件、砂川事件、ジラード事件は基地への怒りが頂点に達した事件だった。

こうした反基地感情の高まりに、米国政府も神経をとがらせた。反米の機運が高まることで、共産主義が伸長し、それによって日本が国際社会で中立的な立場（すなわち米国からの離反）をとるようになることを恐れた。戦後復興を遂げつつある日本が東西どちらの側に立つかは、米国の冷戦戦略上、きわめて重要だった。折も折、ジラード事件最中の1957年10月に、ソ連は人工衛星「スプートニク」を打ち上げた。それまでの米ソの戦力バランスに歪みが生じ、米国の覇権が揺らいでいた。

そうした事態を受けて、駐日米大使のマッカーサー（Douglas MacArthur II）（元連合軍最高司令官マッカーサー元帥の甥）は、日米関係の不安定要素である基地問題をこのまま放置できないとの認識を強くしていた。[1] 彼はダレス（John Foster Dulles）国務長官に書簡を送り、安保改定が待ったなしであること、そして改定の目的は米国の国益に沿って日米関係を強化することにあると伝えた。

しかし、軍部はそれに強く反発した。旧日米安保条約は「極東」で戦争が起こった際に、在日米軍基地から無制限の軍事行動をとる権利を米国に与えるものだった。軍部にとっての国益は、むしろ旧日米安保条約を無期限に維持することだった。

しかし、マッカーサーは引かなかった。基地を米国が一方的に使用する権利を維持するよりも、日本自身が米国との関係を維持することを望み、極東での米軍支援のために基地を積極的に提供したいと思わせることのほうが重要である。そしてそれを実現するための方法こそが安保改定だと説いた。当初、国務省と国防総省・軍部の意見は割れていたが、次第にマッカーサーの意見に与《くみ》するようになっていった。そうして１９５８年10月４日、日米両政府は安保改定交渉に着手する。

条約の双務性と集団的自衛権

新日米安全保障条約は１９６０年１月19日に調印された。新たな条約は全10条からなっている。このうち、基地の問題を考えるうえで重要なのは第３条、第５条、そして第６条である。

(1)第3条

締約国は、個別的に及び相互に協力して、継続的かつ効果的な自助及び相互援助により、武力攻撃に抵抗するそれぞれの能力を、憲法上の規定に従うことを条件として、維持し発展させる。

当初米国が示した案は、「単独に及び共同して、自助及び相互援助により、武力攻撃に抵抗するための個別的及び集団的能力を維持し発展させる」というものだった。これは前章でみたヴァンデンバーグ決議に則《のっと》ったものである。

ポイントは「共同して」と「集団的能力」にある。繰り返すと、ヴァンデンバーグ決議とは、1948年6月に米上院の外交委員会で決議された、米国が国家安全保障にかかわる地域的及び集団的取り極めに参加する（つまり、同盟を組む）ための条件を定めたものである。

東郷文彦外務省アメリカ局長によれば、米国が提案した「集団的能力」とは、すなわち集団的自衛権の行使（自国と密接な関係にある他国への攻撃が生じた際に、自国が攻撃されていないにもかかわらず自衛権を行使する）を意味するものだった。[2] したがって、日本側にとっては

図3－1　**新日米安保条約の調印**
左から藤山愛一郎外相、岸信介首相、アイゼンハワー大統領、ハーター国務長官、ワシントンDC、1960年1月19日

それを「共同して維持し発展させる」ことは憲法上、許されることではなかった。こうした日本側の事情により、第3条は上記の表現が採用されることになった。

しかし、それにより日米安保条約がヴァンデンバーグ決議を満たすものなのか、そうでないのかが曖昧になった。この問題に関連して米国側は当初、（第3条に「共同して」と「集団的能力」を書き込むことを前提に）第5条を次のようなものにしたいと考えていた。

(2)第5条（米国案）

太平洋地域におけるいずれか一

方の締約国に対する武力攻撃が、自国の平和及び安全を危うくするものであることを認め、自国の憲法上の手続きに従って共通の危険に対処するように行動することを宣言する。〔傍線筆者〕

米国の案は、条約の対象地域が「太平洋地域」となっている。むろん、太平洋地域にはハワイやグアムが含まれる。つまり、米国案では、米国が外部から攻撃された場合に日本が集団的自衛権を行使することが想定されている。しかしながら、第3条で問題になったように、日本側は憲法の制約上、これを受け入れることができない。そこで実際に合意された第5条が次である。

(3)第5条〔実際の条文〕

各締約国は、日本国の施政の下にある領域における、いずれか一方に対する武力攻撃が、自国の平和及び安全を危うくするものであることを認め、自国の憲法上の規定及び手続に従って共通の危険に対処するように行動することを宣言する。〔傍線筆者〕

みてのとおり、条約の対象地域は「日本国の施政の下にある領域」である。米国（米領）は含まれていない。さらに、「自国の憲法上の規定及び手続に従って」とあることから、日米双方が自動的に「共通の危険に対処する」ことを約束したわけでもない。双方に対して、対処のあり方に裁量が与えられている。保険が掛けられているといってもよい。ちなみにNATO条約（北大西洋条約）は、次のようになっている。

⑷NATO条約第5条

締約国は、ヨーロッパ又は北アメリカにおける一又は二以上の締約国に対する武力攻撃を全締約国に対する攻撃とみなすことに同意する。したがって、締約国は、そのような武力攻撃が行われたときは、各締約国が、国際連合憲章第51条の規定によって認められている個別的又は集団的自衛権を行使して、北大西洋地域の安全を回復し及び維持するためにその必要と認める行動（兵力の使用を含む。）を個別的に及び他の締約国と共同して直ちに執ることにより、その攻撃を受けた締約国を援助することに同意する。〔傍線筆者〕

傍線部は日米安保条約との違いである。つまり、ここでは有事の際の「自動参戦」が約束されている。条約上、米国を含めたNATO加盟国は有事において何らかの行動をとることがはじめから決まっている。米国からみればこれはヴァンデンバーグ決議を十分に満たすものといえる。その意味においてNATOは狭義の同盟といって差し支えない。

(5)日本による基地防衛

もっとも、新日米安保条約第5条は、少なくとも日米の「相互的な」行動については約束されている。このことは日本側からみれば、旧日米安保条約からの大きな前進として評価されるだろう。旧日米安保条約は日本が一方的に米国に基地を提供することを約束したに過ぎないものだったからである。

米国側にとっても、当初案からは後退はしたものの、そこから得られるものはあった。在日米軍基地が攻撃された場合の日本側の対処が約束されたからである。どういうことか。第5条は、日本国内で日米どちらかに対する攻撃があった場合に作動することになっている。つまり、日本にある米軍基地が攻撃された場合、日本は米軍・米軍基地を守るのである。しかし問題は、それが日本の集団的自衛権の行使にあたるのか、そうでないのか、である。

当時、国会ではそれが集団的自衛権の行使にあたるとして野党から批判の声が上がった。

それに対し、林修三・内閣法制局長官は次のように述べた。[3]

日本の提供をいたしました施設区域にある米軍に対して攻撃して参りますことは、同時に日本の領域を侵さずしてそういうことはできない。まさに日本に対する攻撃でございます。従いまして、日本は個別的自衛権を発動し得る状態だ、かように考えるわけでございます。

米軍基地防衛は集団的自衛権ではなく個別的自衛権の行使、というのが政府の解釈である。日本の中の外国である米軍基地を防衛することは、国内向けには個別的自衛権の行使と説明できる。一方で米国向けにはヴァンデンバーグ決議がいう「相互援助」を行うという説明になる。米国にとってそれは集団的自衛権の行使でも、個別的自衛権の行使でも実質的には違わない。当時、防衛力が十分でなかった自衛隊に対して米国が期待できることといえば、せいぜい在日米軍を守ることだった。その意味で、現実的な範囲でとれるものはとった。しかも、5条の不足を補って余りある「相互援助」を得ることにもなった。それが第6条、基地の提供である。

基地と安全の交換――争点としての事前協議

新日米安保条約の肝はここにある。米国が安保改定に同意した（できた）のは第6条のおかげといってもよい。日本にとっては安保改定を実現するために支払った代償ということになろうか。

なお、NATO条約にはこの第6条にあたるもの、すなわち基地の提供を約束する条項は存在しない。[4] 集団的自衛権を行使できない日本とのあいだだからこそ、新たな日米安保条約では「継続的かつ効果的」に「相互援助」を行うための仕掛け――基地の提供――が必要だった。

(1)第6条

日本国の安全に寄与し、並びに極東における国際の平和及び安全の維持に寄与するため、アメリカ合衆国は、その陸軍、空軍及び海軍が日本国において施設及び区域を使用することを許される。〔傍線筆者〕

ここからわかるように、日本にいる米軍は「極東」の平和と安全のために日本の基地を使用することができる。この点、旧日米安保からの変更はない。米国からみれば、米軍基地を日本防衛（第5条）以外の用途で使えることが約束されており、メリットが大きい。ちなみに、米軍部が安保改定に最後まで反対したのも、これを温存したかったからである。「極東」とは日本政府の解釈によれば、地理的には「フィリピン以北、日本及びその周辺地域」を指す。[5] 当然、朝鮮半島、台湾、フィリピンがそこに含まれる。

第6条は日本側にとっては交渉上の難所だった。とくに「巻き込まれ」の問題、すなわち、日本が望まない戦争に巻き込まれないためにどうするかが焦点だった。米軍がどのように基地を使用するのか、核兵器を配備するのか、そこから直接攻撃を行うのか、これは日本の安全保障のみならず主権にかかわる大きな問題だった。

(2)事前協議

こうした懸念に応えるために生まれたのが「事前協議」である。事前協議とはある条件に該当する場合、米国は日本の基地を使用する際に日本側と事前に協議しなければならないという約束のことである。

この事前協議を定めた「第6条の実施に関する交換公文」は、安保条約の調印と同日（1960年1月19日）に、岸信介首相とクリスチャン・ハーター（Christian Archibald Herter）国務長官のあいだで交わされた。そのため「岸・ハーター交換公文」ともいわれる。マッカーサー大使は日本の基地使用について「本質的にはわれわれ自身の利益のために行うものであり、日本に便宜を図るものではない。この駐留の権利をできるだけ控えめにすることが、新条約を政治的に受け入れやすいものにする」[6]と述べていた。事前協議は、マッカーサーのいうこの「控えめに」を具現化したものといえる。

さて、事前協議が必要になるのは次の三つのケースである。

①合衆国軍隊の日本国への配置における重大な変更
②同軍隊の装備における重要な変更
③日本から行われる戦闘作戦行動（安保条約第5条が規定する事態を除く）のための基地としての日本国内の施設及び区域の使用

争点となるのは、②と③である。まず②だが、ここでいう「装備における重要な変更」とは、「核弾頭及び中長距離ミサイルの持ち込み並びにそれらの基地の建設」のことであり、すなわち核兵器の持ち込みがそれにあたる。核の持ち込みについては、のちに核兵器を搭載した米艦船の日本への寄港が含まれるのかどうかが大きな論争となる。

２００９年９月16日、当時の民主党政権下で外務省内に「いわゆる「密約」問題に関する有識者委員会」が設置され、翌年３月９日、その調査結果が公表された。[7] 委員会の結論は、日米両政府は核の持ち込みについて双方の解釈にズレがあることを知りながら、それをすり合わせることをしなかった、というものだった。米国の核の持ち込みが暗黙に合意されていたという意味での「広義の密約」があったと認定されている。

⑶戦闘作戦行動

本書にとって重要なのは③である。ここでいう「戦闘作戦行動」とは、日本の基地から直接に、すなわち他国の基地に寄り道せずに、戦闘機などを敵地での戦闘のために発進させることである。言い換えれば、日本の基地から航空部隊による爆撃、空挺部隊の戦場への降下、地上部隊の上陸作戦を、極東地域において行うというものである。補給や移動、偵察等、直接戦闘に従事することを目的としない軍事行動（ただし、両者は実際には明確に分けられるものではない）は事前協議の対象にならない。第５条によって規定された「日本防衛」のための基地使用もその限りではない。

この事前協議の導入は、日本にしてみれば旧日米安保条約の最大の課題を解決せしめるものだった。つまり、米国が関与する戦争に「巻き込まれる」危険をコントロールし、日本の主権を担保するものだと思われた。当然、それは米国側からみれば、旧日米安保条約で得ていた既得権の喪失につながりうる。少なくとも米軍部にとってみれば、それによって基地の利便性が後退するのは明白だった。にもかかわらず、彼らが新条約に同意したのにはわけがある。朝鮮議事録である。

朝鮮議事録

新日米安保条約が調印される2週間前の1960年1月6日、藤山愛一郎外相とマッカーサー駐日米大使は、次のような議事録の作成に合意した。[8]

マッカーサー大使

朝鮮半島では、米国の軍隊が直ちに日本から軍事戦闘作戦に着手しなければ、国連軍部隊は停戦協定に違反した武力攻撃を撃退できない事態が生じ得る。そのような例外的な緊急事態が生じた場合、日本における基地を作戦上使用することについて日本政府の見解をうかがいたい。

藤山外相

在韓国連軍に対する攻撃による緊急事態における例外的措置として、停戦協定の違反による攻撃に対して国連軍の反撃が可能となるように国連統一司令部の下にある在日米軍によって直ちに行う必要がある戦闘作戦行動のために日本の施設・区域を使用され得る（may be used）、というのが日本政府の立場であることを岸総理からの許可を得て発言する。

ポイントは日本側が、米軍が国連軍として朝鮮に出ていく場合には事前協議の対象としない、すなわち日本から直接に戦闘作戦行動をとりうる、と述べていることである。

わかりにくいのは、米軍が「国連の統一司令部の下にある」という表現だろう。これは第2章でみた1950年7月7日の安保理決議（84S/1588）を指している。繰り返せば、同決議は安保理事会が「兵力その他の援助を提供するすべての加盟国が、これらの兵力その他の援助を合衆国の下にある統一司令部に提供することを勧告し、合衆国に対し、このような軍隊の司令官を任命するよう要請」している。米軍がこの統一司令部に入るということは、在日米軍が国連軍に編入されるということである。もちろん、中身は同じである。指揮官も同一である（当時、日本にいた米軍のトップは極東軍司令官だが、国連軍統一司令部の司令官を兼任していた）。

要するに、在日米軍が国連軍に衣替えすれば事前協議は適用されない。朝鮮有事に限って、事前協議に「抜け道」が用意されたのである。それを踏まえ、直後の1960年6月11日に米国家安全保障会議（NSC）は、「在韓国連軍への攻撃による緊急事態が生じた際には、国連軍司令部のもとにある在日米軍は〔中略〕日本にある施設と区域を即座に使用する」[9]とする文書を採択している。

朝鮮議事録の有効性

では、この朝鮮議事録は今も有効なのだろうか。先述の「いわゆる「密約」問題に関する有識者委員会」によれば、朝鮮議事録は今日、事実上失効しているという[10]。というのも、1969年11月21日、佐藤首相とニクソン（Richard Milhous Nixon）大統領は、沖縄返還に合意するが、このとき発出された「佐藤・ニクソン共同声明」のなかに、「韓国条項」が埋め込まれたからである[11]。つまり、同声明にて日本側は「韓国の安全は日本自身の安全にとって緊要」との立場を明確にした。

さらに、佐藤はそこでの演説で、朝鮮有事において日本にいる米軍が直接作戦行動をとることについて「前向きに、かつすみやかに」態度を決定する意向も示した[12]。これ以降、朝鮮議事録があろうがなかろうが、朝鮮有事は事実上の「日本有事」を意味することになった。

その意味において、米軍の行動は日本防衛の範疇《はんちゅう》に含まれるのだから、日本の基地からの直接的な作戦行動も日米安保の規定上、容認されうるという論理が出てくる。言うなれば、朝鮮議事録は新たに「韓国条項」に置き換えられたというわけである。

しかしながら、このような解釈には疑問も残る。第5章でみていくように、米国側は必ずしもこのときの「韓国条項」の表現に満足していなかった。米国からすれば、それは解釈の余地があったし、佐藤演説もまた日本政府の一方的な態度表明に過ぎないものだった。もし政権交代が起こり、日本に反米的な政府が樹立された場合には、容易に撤回されうるものである。ゆえに米国としてはそれが密約だったとしても、政府間の合意事項である朝鮮議事録のほうを重くみていた。1974年7月、米国政府は朝鮮議事録を「未解決のまとし、正式に消滅させることはしない」との方針を定めるのである（第5章）[13]。

2　吉田・アチソン交換公文の「改定」——親子反転

朝鮮議事録から明らかなように、在日国連軍を維持していれば、米国は日本の基地を少なくとも朝鮮有事においては事前協議なしに使うことができる。在日国連軍がいかに重要か分かるというものである。それゆえに、安保改定にはもう一つの重要なポイントがあった。吉田・アチソン交換公文（日本が極東で行われている国連軍の行動に対し基地と兵站支援を与えるという約束）の改定、すなわち「吉田・アチソン交換公文等に関する交換公文」（新交換公文）の合意である。

極東か、それとも朝鮮半島か

安保改定交渉が開始された時点で、米側は安保改定後も吉田・アチソン交換公文の効力は維持されると考えていた。というのも、同交換公文は旧日米安保条約のみならず、日本を国際社会へと復帰させたサンフランシスコ平和条約にも紐づいていたからだった。もしそれが旧日米安保条約のみに紐づけられているのであれば、安保改定によって同交換公文は効力を失うことになる。しかし、サンフランシスコ平和条約にも紐づいているとすれば、そうはならない。

国連軍地位協定が安保改定の際に改定されなかったのもそれゆえである。仮に旧日米安保条約が「親」で、吉田・アチソン交換公文が「子」ならば、安保改定に伴って、同交換公文とそのまた「孫」である国連軍地位協定は改定されなければならなかった。実際、同様の親子関係にある日米行政協定（子）は、旧日米安保条約（親）の改定に伴い、日米地位協定へと改められている。

もっとも、条約のたてつけがどうであれ日米双方にとって同交換公文の改定は明らかに政治的リスクだった。当時の日本国内の反米・反安保の動きに鑑みれば、同交換公文の改定も簡単であるはずがなかった。国連軍による基地使用の問題は事前協議と明らかに矛盾すると受け止められるはずだったからである（後述のように実際にのちにそれが問題になる）。それを踏まえると日米安保条約に比して認知度の低いこの問題をあえて取り上げることは、「寝た子を起こす」も同然だった。そのため同交換公文については粛々とその効力を維持することを日米間で了解するにとどめることにする。これが日米両政府の思惑だった。

とはいえ、日本政府にとっては看過できない問題もあった。「極東」の地理的範囲である。第2章でみたように、1951年の吉田・アチソン交換公文は、日本が「極東における国際連合の行動」を「支持（support）」することを約束していた。1951年の時点で日本側はこの「極東」を、朝鮮半島を意味するとして、狭く解釈していた。[14]一方、米側はより広くそれを捉えていた。アチソン国務長官は1951年4月の時点で、「将来の不測の事態に対処するために、朝鮮以外の地域における作戦の余地を残したい」との意向を示していた。[15]

結局、第2章でみたように同交換公文では「極東」の語が採用されることになった。国連軍の名の下で、朝鮮半島ないし極東全域における米軍の行動を担保したいとの米側の意図は明らかだった。他方、同交換公文には朝鮮戦争への明確な言及もあり、その意味からして「極東＝朝鮮半島」という日本側の解釈も成り立たないわけではなかった。したがって、ここでの問題は条文上、極東の定義が曖昧であることだった。場合によっては、台湾を含めた広義の極東において日本が国連の行動を支持する、と解される余地がある。改定交渉ではそこが問題になる。

吉田・アチソン交換公文等に関する交換公文

新安保条約の調印と同時に、日米両政府は新交換公文（「吉田・アチソン交換公文等に関する交換公文」）を交わした。主要な合意事項は次である。

①吉田・アチソン交換公文は、日本国における国際連合の軍隊の地位に関する協定が効力を有する間、引き続き効力を有する。

②国連軍協定第5条2にいう「日本国とアメリカ合衆国との間の安全保障条約に基づいてアメリカ合衆国の使用に供せられている施設及び区域」とは、相互協力及び安全保障条約に基づいてアメリカ合衆国が使用を許される施設及び区域を意味するものと了解される。

③1950年7月7日の安全保障理事会決議に従って設置された国際連合統一司令部の下にある合衆国軍隊による施設及び区域の使用並びに同軍隊の日本国における地位は、相互協力及び安全保障条約に従って行われる取極により規律される。

親子反転

①は、同交換公文の「有効期限」を示すものである。ここでいっているのは、国連軍地位協定が有効である限り吉田・アチソン交換公文は有効だということである。これはきわめて重要な変更である。そもそも、時系列的にいえば、吉田・アチソン交換公文（1951）が先にでき、その後に国連軍地位協定（1954）ができた。要するに、吉田・アチソン交換公文が親であり、国連軍地位協定は子である。しかし、ここでその親子関係が反転したのである。

これはどういうことか。もともと、吉田・アチソン交換公文には終期が示されていない。しかしながら、同交換公文が朝鮮戦争への対処を目的としていたことを踏まえれば、朝鮮戦争の終結とともに同交換公文も効力を失うと考えるのが自然だった。日本政府はこのような立場をとっていた。[16] しかし、米国にとってそれは望ましい解釈ではなかった。そこで出てくるのが国連軍地位協定である。国連軍地位協定は同交換公文とは異なり、終期が朝鮮戦争ではなく、国連軍の存在自体に紐づけられている。同協定は、国連軍司令部が維持され、国連軍が日本と韓国に駐留している限り効力が維持されることになっているのである。

したがって、ここで親と子を反転させることによって、在日国連軍を維持していれば吉田・アチソン交換公文も同時に維持されることになる。これまでとは正反対の関係が出現するというわけだ。結果として、吉田・アチソン交換公文の有効性は、不確実性の高い朝鮮半島情勢（いつ終わるか知れない）によってではなく、日本ならびに友軍との関係性に依存することになった。このことが国連軍地位協定を米国の安全保障政策上、きわめて重要な地位へと押し上げることになる。

なお、安保改定の直前の1957年7月、それまで東京にあった国連軍司令部はソウルに移された。それに伴い日本には国連軍後方司令部（キャンプ座間）が新設された。指揮系統上、在日国連軍はソウルの国連軍司令部の指揮下に置かれることになった。日本の安全保障と韓国の安全保障、そして米国の安全保障のあいだに強力な軍事的リンクが出現した瞬間である。[17]

②は明快である。ここでいう国連軍協定とは国連軍地位協定のことを指している。日米安保改定に伴い、いわゆる日米安保条約の名称が変更されたことを踏まえて国連軍が引き続き在日米軍基地を使用できることを確認している。

③は、もっともセンシティブである。ここには新日米安保条約が国連軍にも適用されると書いてある。これはつまり、在日国連軍としての米軍にも「事前協議」が適用されるということを意味している。日本側にとってこれは事前協議の抜け穴を塞ぐ措置である。一方、米国にとってこれは看過できるものではない。そこで、密かに合意しなければならなかったのが、すでにみた朝鮮議事録だった。

3　安保改定の真意はどこに

安保改定の一つの核心は、国連軍と朝鮮議事録の関係設定にある。それについて日米両政府にはそれぞれに異なる思惑があった。話はいよいよ複雑になるが、重要な点なので丹念にみておきたい。

繰り返せば、朝鮮議事録とは、国連軍に編入された米軍がとる朝鮮有事の際の戦闘作戦行動を事前協議の対象から外すことを約束するものだ。米側は朝鮮有事の際に即座に日本の基地から戦闘作戦行動をとらなければ、韓国と在韓米軍に甚大な被害が生じると考えていた。日本もそれを理解していた。米国にとって、そこが退けない一線であることも理解していた。

他方、国内向けには事前協議を導入し、米国の手を縛る姿を国民にみせなければならなかった。米軍は縛るが、国連軍としての米軍は縛らない。落としどころはそこにあった。

問題は密約の形式だった。米側は秘密協定の形をとりたかった。日本は文書としてそれを残したくなかった。したがって朝鮮議事録は両者のあいだをとり、変則的な形をとることになった。新安保条約発効後に開催が予定される第1回日米安全保障協議委員会（1960年9月8日）の発言内容を事前に日米間で了解し、その内容を議事録としてまとめるというものである。

朝鮮議事録の内容をめぐる日米間のやり取りを示す史料はごく限られている。したがって、そこから明らかになる事実も断片的である。しかし、在日米軍基地の本質を知るうえで、このとき交わされたやり取りの一部から透けてみえるものは示唆的だ。現時点で明らかになっている事実を辿っていこう。[18]

日本側の思惑

1959年5月8日、日本政府は吉田・アチソン交換公文の修正案とその日本側の解釈案を米側に示した。そこで出された「修正案」はほとんどそのまま最終的な新交換公文に反映された。問題となったのは、日本側の解釈案だった。[19] まず、日本側は、同交換公文の適用範囲を、朝鮮戦争の際の安保理決議及び国連総会決議に「応じてとられる国際連合の行動のみを対象とする」と解釈していた。つまり、極東ではなく朝鮮半島に限られるということである。

次に、同交換公文にある「支持（support）」が意味するのは、「国連軍に提供されるいわゆる兵站支持」であり、したがって、「戦闘作戦行動のための基地として日本国内の施設及び区域の使用を許すものと解釈されるべきではない」としていた。

米側（国連軍側）の自由を制約しようとするこの二つの解釈案は、当然、米軍の反発を招いた。そこで第一の点、すなわち同交換公文の適用範囲については、新たに「北朝鮮の攻撃が再開された場合、国連軍がとるさらなる行動（any further action）にも及ぶ」[20]（傍点筆者）というのが日本政府の了解であると変更された。つまり、「さらなる行動」の語が追加されたのである。これは重要な変更である。これにより、北朝鮮による軍事行動が契機となり、朝鮮半島以外の極東地域（たとえば、台湾海峡）で起こる事態に対処するために国連軍がとる行動もまた同交換公文の対象となる、との解釈に道が開かれる。要するに、在日国連軍基地は特定の条件下で対北朝鮮以外の用途でも使用しうるということである。

第二の点に関しては、新たに「事前協議」の語が加わった。すなわち「合衆国軍隊は事前協議なしに戦闘作戦行動のため、在日施設及び区域を使用することを許されたと解釈すべきでない」となった。しかし、この後、朝鮮議事録が作成されることになったため、「事前協議」の語は形骸化する。

なお、この「解釈案」に関する文書は公表されていない。したがって、最終的にどのような解釈が日米間で成立したのか、今も定かではない。

米側の思惑

いずれにせよ、重要なのは米側がここで日本側の解釈案に「さらなる行動」を追加しようとしていたことである。これは、米側が吉田・アチソン交換公文をどのように位置づけていたかを端的に示すものである。米国は同交換公文を日米安保条約のいわば保険と考えていた。すでにみたように、米国は日米安保条約と吉田・アチソン交換公文を別系統のもの、すなわち出自が異なるとの立場をとっていた（一方、日本側は同交換公文が日米安保条約に連なっていると考えていた）。したがって、万が一、日米安保条約が破棄されるようなことがあったとしても、片方の吉田・アチソン交換公文は生き残る。日米安保条約とは独立した存在だからである。同交換公文が残ることで「さらなる行動」がありえるとすれば、米軍には日米安保条約があってもなくても日本の基地を使って極東で行動する権利が保障されることになる。

このことからわかるように、軍部の関心はあくまでも基地の自由使用にあった。軍の統合参謀本部は、極東で戦争が起きた場合、日本が国連軍のいかなる活動も容易にし、支持する秘密保障を取り付けるべきだと考えていた。[21] また、日本側の解釈、すなわち国連軍の行動が朝鮮に限られ、また支持が意味するのも補給であるという点を厳しく批判した。日本の安全にとって朝鮮における共産主義者の侵略に備える効果的な抑止力の維持が絶対に必要であり、米軍の抑止力が効果を発揮するかどうかは、展開するすべての米軍基地から瞬時に行動できるかどうかにかかっている。事前協議はその足枷《あしかせ》になる、というわけだ。

さらに、国防総省と軍部は、国連軍の問題は他の参加国の立場にも影響を与えるものであり、米国だけで決められるものではないとも主張した。これは説得的である。国連軍の問題が一筋縄ではいかない所以《ゆえん》でもある。実際、米中和解後の1970年代になると国連軍の中でこの問題が顕在化する（第5章）。

解釈の余白

協議の末、米国は同交換公文の対象となる地理的範囲について日本側に歩み寄った。1959年7月6日、マッカーサー大使は、「同交換公文は朝鮮において共産側が戦闘を再開した場合に限る」（傍点筆者）ものであること、そして「極東の他の地域における国連の未来の活動には及ばないとする点」（傍点筆者）について、日本側の了解に同意する用意がある、と述べた。[22] つまり、同交換公文が対象とする地理的範囲は朝鮮のことである、という日本側の解釈に理解を示したということである。しかし、ここで疑問が生じる。米側のいう「未来の活動」が、先の解釈案にあった「さらなる行動」を意味するのかどうかである。

たとえば、朝鮮半島にて国連軍が動く事態が生じ、それに連動する形で、朝鮮半島以外の極東で国連軍が動かざるをえない新たな事態が起こる。そしてそれに対応するために新たな国連決議が発出される。この場合はどうなるのか。国連軍は日本の基地から動けるのか動けないのか。後述するが、日本政府はこの後、国会でそれを追及された際、さらなる国連決議があれば検討の余地があると答えている。

(1)一方的な解釈表明

マッカーサー大使も1959年6月の時点で、日本側の解釈案に同意する用意があるものの、それを積極的に支持することはなく、また日本側も米側に対してそのように迫ることはない、との立場をとっていた。[23] つまり、日本側の一方的な解釈の表明に過ぎないと考える余地を残したのである。現に近年、北朝鮮による「瀬取り」への対処として、国連軍は西太平洋上（極東）で監視活動を行っている。瀬取りとは、船と船を密着させて、違法に物資の積み替えを行うことである（英語では ship to ship cargo transfer という）。そこには米軍のみならず、英軍、豪軍、仏軍等が参加している。こうした活動は国連軍地位協定に基づくものだというのが日本政府の説明である。このことからも、「さらなる活動」、あるいは「未来の活動」に関する日米の解釈は最終的に一致しないまま放置された可能性が高い。

しかしながら、この問題は今後、たとえば台湾有事が起きた場合の重要な論点だろう。もちろん、今日ではこの場合に米軍が国連軍に編入される可能性は必ずしも高いわけではない。台湾有事は日本自身の安全に重要な影響を与える事態（すなわち、重要影響事態。第7章）と判断される可能性が高く、仮に事前協議が行われたとしても、日本側がそれを拒否する可能性は低い。吉田・アチソン交換公文が対象とする地理的範囲がどうであれ、在日米軍は在日米軍のまま日米安保条約を根拠に、必要とあらば日本の基地から戦闘作戦行動をとる可能性はある。

(2)参加国を拘束するか

問題は他にもある。ここでの日米協議はあくまでも国連軍として動く在日米軍にかかるものである。したがって、他の参加国の軍隊がそれに拘束されるかどうかは自明ではない。この問題をわかりにくくしているのは、そもそも多国間枠組みである国連軍を日本が「支持」する根拠が、吉田・アチソン交換公文という日米の二国間の合意であることだ。実際、日本政府も事前協議の対象になるのは、国連軍として行動する米軍であると明言している。[24]

もちろん、国連軍は米国を中心とした事実上の有志連合軍であり、その司令官も米軍が担う。したがって、米国の意向が強い影響力をもつことは間違いない。とはいえ、他の参加国の行動のすべてを一方的に拘束するものでもない。たとえば、国連軍に加わるも退くも、参加国の裁量である。米国防総省と軍が主張するように、国連軍の権利を変更するには、安保理の決定及び関係諸国との協議が必要である。他の参加国が吉田・アチソン交換公文に対する日米双方の解釈を理解し、同意していると考えるのは現実的とはいえない。実際、第5章でみるように、豪州をはじめとする他の国連軍参加国は少なくとも1970年代後半の時点において国連軍の行動について独自の解釈をもっていた。

(3)兵站支援

とはいえ、はっきりしたこともある。参加国軍の活動の内容は兵站であることを米側が了解したのである。参加国は事前協議の対象になるような戦闘作戦行動を日本の基地からとることはできない。日本の基地から行われるのは兵站支援のみである。[25] このことは、国連軍地位協定（1954年2月）が締結された際に交わされた国連軍地位協定に関する合意議事録のなかにも記載されている。

それはすなわち、日本国政府が日本国において国際連合の軍隊の使用に供する施設は、朝鮮における国際連合の軍隊に対して十分な兵站上の援助を与えるため必要な最小限度に限るものとする、というものである。手続き上、参加国はこの合意議事録を含めた国連軍地位協定に署名していることからみても、参加国の行動が兵站に限られることは間違いないだろう。

日米地位協定

1960年の安保改定に付随して日米間にはもう一つ、重要な課題があった。第2章でみた行政協定の改定である。もともと米側は安保改定交渉を開始するにあたり行政協定には触らない方針だった。日本側もそれに異を唱えることはなかった。懸案だった刑事裁判権は、すでにNATO並みに改定（1953年9月）されていたし（第2章）、一度行政協定に「手を触れれば二年三年の交渉」[26]になることは疑いがなかった。万が一扱いを誤れば、安保改定そのものが頓挫する恐れもあった。

しかし、前章でみた日本国内の反基地圧力の高まりが状況を一変させる。人々の基地に対する反発を重くみたマッカーサー大使は、行政協定の改定やむなしと考えるようになっていく。[27]国務省もそうしたマッカーサーの見方に同意、米軍の「死活的利益」にかかわる「実質的な」変更を行わないことを条件に、日本側と交渉することを決めた。ここでいう「死活的利益」とは、基地を長期に保有する権利そのものである。行政協定の改定交渉は、そうした米側の権利を損なわない範囲において調整が行われた。争点は第3条、すなわち基地の管理権だった。それ以外の条項については、大きな対立はみられなかった。

合意された第3条の条文には、日本側の意向が一定程度、反映された。当初、米側は「合衆国は、施設及び区域内において、それらの設定、運営、警備及び管理のための権利、権力、権能を有する」とすることを望んでいた。しかし、「権利、権力、権能」という言葉が、基地の治外法権的な性格を表現していると日本側に受け止められた。そのため、最終的には「必要なすべての措置をとることができる」と変更された。

協定の表裏

もっとも、表向きの表現こそ両国の対等性を担保していたが、実態は違った。外務省はこれに関連して非公開文書である「日米地位協定の考え方」をまとめ、日本側の解釈について整理している。[28]

それによれば、基地の排他的使用権とは、「米側がその意思に反して行われる米側以外の者の施設・区域への立ち入り及びその使用を禁止し得る権能並びに施設・区域の使用に必要なすべての措置をとり得る権能」のことである。表向きの表現としては退けられた「権能」

の語が、こちらでは復活している。それればかりか、そのような権能は「地位協定上の施設・区域の本質的な要素」とあり、またその実体は「新旧協約上差異はない」とされている。旧日米安保条約下で米軍の特権を担保した行政協定は、地位協定へと名称は変えてなおその本質的な性格が温存されたのである。

4　日本国内の反応

こうして1960年1月19日、新安保条約は調印された。付随して、日米地位協定、岸・ハーター交換公文、そして新交換公文他が交わされた。本書では十分に触れられなかったが、緊急時の核の持ち込み等、事前協議の例外を記した「討論記録」、そして朝鮮議事録は公表されなかった。ガラス細工のように繊細で複雑なこの新安保条約システムの全体を、当時の国民はいかにして知ることができただろうか。

スクープ

しかし、どこからか水は漏れるものである。新条約調印の直前の1959年12月11日、

『毎日新聞』が次のように報じた。[29] いわく、朝鮮戦争が再発すれば、日本は国連軍に対し全面的に協力しなければならない。もし在日米軍の一部が国連軍となって朝鮮に出動するならば、日本は国連軍としての在日米軍の行動を助けることを吉田・アチソン交換公文で約束しており、安保改定とは関係なく日本はこの約束を守らなければならない。したがって、在日米軍が国連軍として行動する限り、新条約の制約をまぬがれ、朝鮮派兵は事前協議を必要としない。

さらに、在日米軍であっても国連軍である以上、日米二国間の協議だけで国連軍という地位は変更できない。そのようなことをすれば国際問題に発展する恐れがある。だから、日米間の条約である日米安保条約における事前協議の対象にはならない。これらのことを、米外交筋及び国連関係者の見解として伝えた。[30]

報道を受けて、国会は混乱する。翌日、藤山外相は参議院外務委員会で、在日米軍が国連軍として行動する場合も原則的には事前協議の対象になる、国連軍は事前協議の枠外にはない、と明言した。[31] これはこの後、正式に合意される朝鮮議事録の内容とは明らかに異なるものである。

さらに、野党から国連軍の活動範囲は朝鮮に限られるのか、それとも新たな事態が起こり、追加の国連決議があれば台湾やベトナムでも活動する場合でも支援するのか、との質問があった。これに対しては、現在のところは朝鮮に限るが、将来国連がそうした決議をした場合は別問題として新たに考えなくてはならないと述べた。この点、岸も後日国会で同様の発言をしている。[32] 先にみた、いわゆる「さらなる活動」に対する日本側の解釈である。
政府の答弁を受けて「いままでの論議で取り上げられなかったのが不思議だ」と報道は過熱した。事実、日本政府はこの段階にいたるまで安保改定交渉に関する説明の場で、吉田・アチソン交換公文に一度も言及していなかった。野党はこの点を突いて、「あえてこの点に触れなかったことは、まさに国会と国民を愚弄する非民主的な秘密外交といわなければならない」[33] と断じた。
では、新安保条約調印後、つまり米側と朝鮮議事録他に合意したあとの時点で、政府が在日国連軍の行動を国会にどのように説明をしたかをみておこう。国会では1960年4月13日にこの問題が取り上げられている。[34] その際、岸は事前協議について、在日米軍は「ある場合において国連軍たる性格と、在日米軍たる性格と、二重に持っておる」とし、「在日米軍が国連軍として行動をとる場合でも事前協議の対象にする」と説明した。[35]
また、岸は吉田・アチソン交換公文でいう「極東」はどこを指すのかと問われると、朝鮮戦争という事態に対処するために国連がそれを収めるのに必要な行動範囲であって、具体的に線を入れろというのは無理なことだ、と答えた。また、その範囲は新条約が考えているような日本の安全と密接に連携をもっている極東の地域とは性質も範囲も異なるとし、極東の概念そのものを政府が漠然と解釈していることを認めた[36]。この点、藤山も国連軍の「行動範囲は国連自身が決めるべきものだ」とし、日本が一方的に解釈すべきではないとの立場をとった。加えて、野党からは中国（台湾海峡を含む）が極東の範囲に含まれるのかどうか質問が出たが、それも「国連決議によって決まる」とし、否定することはなかった。

在日国連軍に対する攻撃

このとき野党からさらなる重要な問題が提起された[37]。それは、朝鮮有事とは関係ない理由で武力紛争が発生し、その際に日本にいる国連軍と基地が攻撃を受けた場合、国連軍はどう動くのか、というものだった。

岸は次のように答弁している。その場合、まず日米安保条約の第5条が発動されて在日米軍が動く。そのうえで、国連軍が行動するかどうかは国連決議によって決まる、と。国連軍が行動する可能性を示唆しつつ、明言を避けたのである。ところが、この答弁を補足するようにして外務省条約局長の高橋通敏《みちとし》が次のように述べた。いわく、仮定されているシナリオはあくまでも国連軍に対する攻撃であるから、国連軍は直ちにこれに対処する。これに対して、野党からはその際の法的根拠が問われた。高橋はすかさず「国連軍がもつ自衛権の発動だ」と答えた。

これは重要な答弁である。従来、日本が外部から攻撃を受けた場合、日米安保条約第5条が発動し、日米が共同してそれに対処すると考えられてきた。ところが、在日国連軍基地(すなわち、特定の在日米軍基地)が攻撃された場合には、多国間枠組みである国連軍が自衛権の発動として反撃しうることを、政府が明言したのである。この点は、これまで見過ごされてきたが、日本の安全保障のあり方を考えるうえで示唆に富もう。

さらに、このとき米軍以外の国連軍の行動についても説明がなされた。いわく、参加国の軍隊は戦闘作戦行動やその他の行動をとることは考えられていない。なぜなら、彼らの地位その他はすべて国連軍地位協定で規定されているからである。したがって、戦闘作戦行動のために日本から飛び立って云々するというようなことはまったく考えられていない。この説明は、すでにみた日米間の合意事項とも整合的である。

5　有事における基地使用

ここまで安保改定によって出現した新たな日本の多国間安全保障システムの性格をみてき

た。しかし、これは率直にいって複雑である。この分野の研究者であってもその全体像を正確に読み解くのは容易ではない。そこで以下にこれまでの議論を簡略化したチャートを示した。有事に米軍と国連軍がどのように日本の基地を使用できることになったかを示している。条約、協定、交換公文等が想定するシナリオごとに整理した。図は上から下に向かって状況と判断が分岐する。最下部は、最終的な基地使用の可否とその根拠である。灰色が基地使用可、無色が使用不可である。

在日米軍による有事の基地使用

図3－2は、有事における米軍の基地使用の可否を示したものである。AからJまで計十のシナリオを想定している。灰色は基地使用が認められるパターンである。十のうち七つのシナリオにおいて基地使用が認められる。これは次に示す国連軍の場合（図3－3）とは対照的である。このようにみると在日米軍は実際のところほとんどのシナリオにおいて有事に基地を使用できる。使用できないのは、D、G、Jである。以下、使用できない三つのシナリオをみていこう。

(1) D

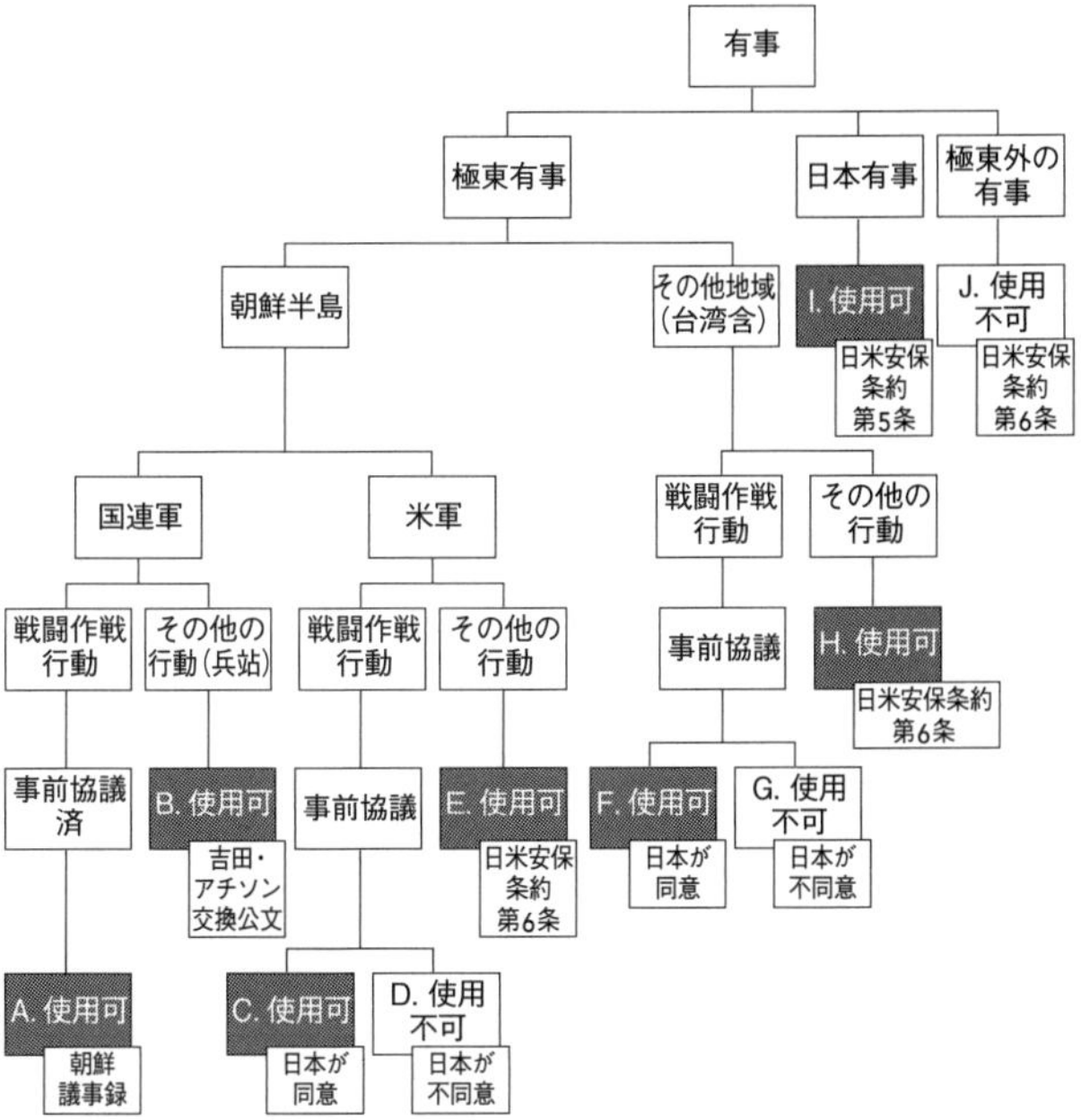

図3－2　有事における在日米軍の基地使用

Dはほとんど現実的ではない。というのも、ここで想定されているのは朝鮮有事において米軍が国連軍としてではなく、米軍として戦闘作戦行動をとろうとし、さらに日本が事前協議においてそれを拒否するというシナリオだからである。

朝鮮半島で何らかの武力衝突が起きれば、それは「日本自身の安全にとっても重大事である」というのが日本政府の立場である。1969年11月、沖縄返還合意の際に発出された「佐藤・ニクソン共同声明」においてこのことが確認されている（「韓国条項」）。したがって、この場合、日本側に事前協議に同意しないという選択肢はほとんどない。また、そもそもそうした日本側の拒否に直面した場合のリスクヘッジとして、米軍は国連軍へと「衣替え」することができる。国連軍であれば、戦闘作戦行動をとる場合を含め、日本の基地を使用できると考えられる。

(2) G

Gはどうだろうか。Gも先のDとほとんど変わらない。たとえば、台湾海峡で紛争が生じた場合に、米軍が戦闘作戦行動をとろうとし、事前協議において日本側がそれを拒否するという事態である。

しかし、これもまた現実的ではない。先述の佐藤・ニクソン共同宣言には、「台湾の平和と安全の維持」が「日本の安全にとって極めて重要な要素」という「台湾条項」が盛り込まれている。また、1990年代以降は周辺事態法（1999）や平和安全法制（2015）などが整備されたことで、台湾を含めた日本周辺での有事が事実上、日本にとっての「有事」と読み替えられる余地が広がっている。それを踏まえれば、日本がこの場合の事前協議において同意しないという事態は想定しにくい。また、米国はいざとなれば国連軍に衣替えすることもできる。当該の危機が北朝鮮に由来する事態であると解されれば、いわゆる「さらなる行動」として基地使用が認められる可能性もある。もっともこの辺りの解釈は、既述のように日米間で解釈がすり合わせられていない可能性がある。

⑶J

Jはどうか。Jのシナリオは、もともと旧日米安保条約の時代から基地使用は認められない。たとえば、中東やアフリカで紛争が起きた際に、日本の基地から米軍が直接、戦闘作戦行動をとる、といったシナリオがそれにあたる。

このようなシナリオでの基地使用は米軍側にも強いニーズがあるとは考えにくい。もちろん、例外的に、この後の時代に起こるベトナム戦争や湾岸戦争（１９９１）、あるいはアフガン戦争（２００１）やイラク戦争（２００３）において日本での基地使用が問題になっている。そこでの問題は日本の基地使用が直接的か、それとも間接的かという点である。日本の基地から戦闘機が飛び立ったとしても、他国で給油や整備を行い、再度、戦地に投入されれば、日本から直接的に戦闘作戦行動をとったことにはならないからである。

このように他国を経由することを含めると、事実上すべてのシナリオで基地使用が認められる可能性がある。在日米軍基地の自由度は安保改定後も、国連軍の枠組みが機能している限りにおいて高い。

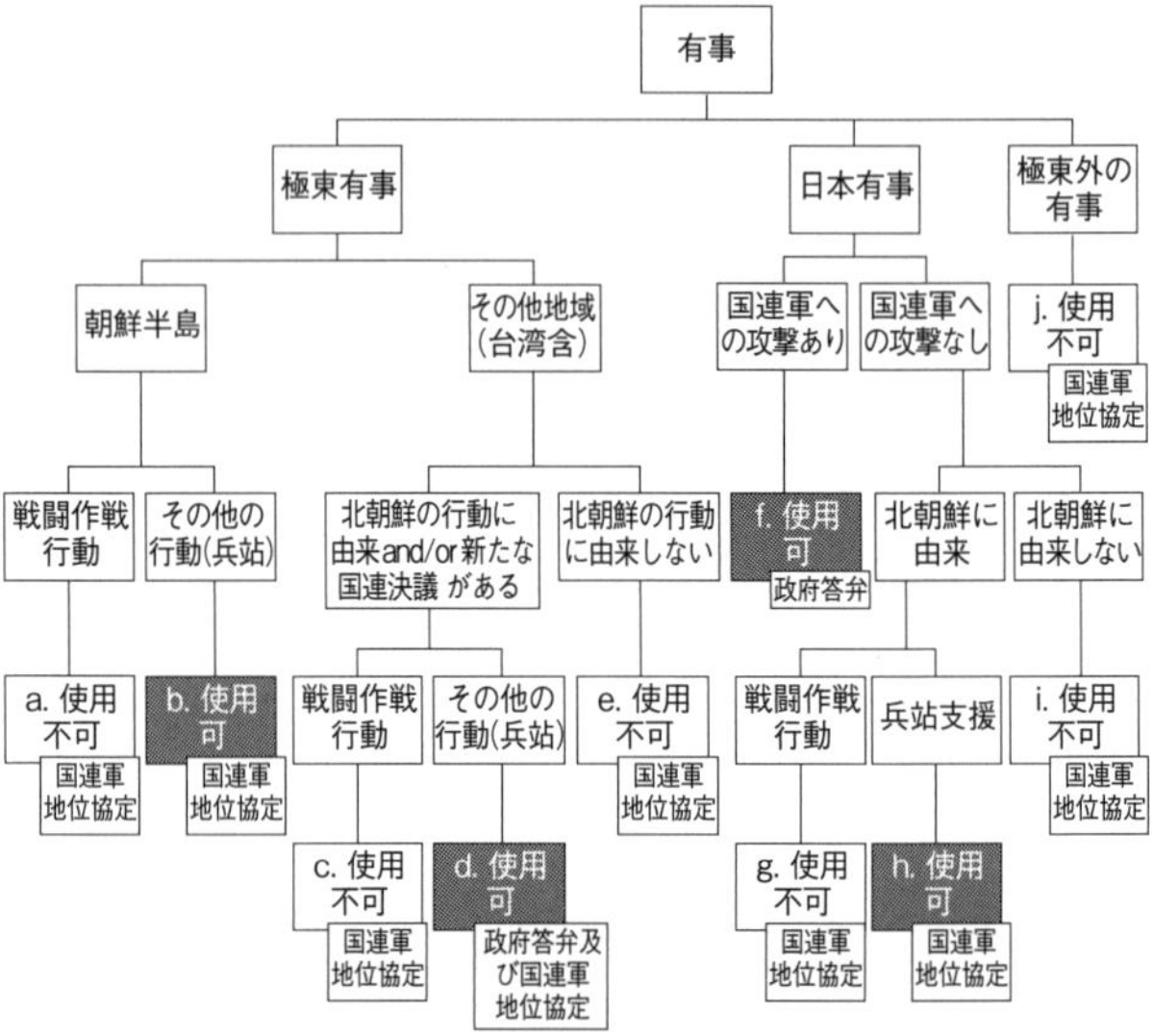

図３－３　有事における国連軍の基地使用

国連軍による有事の基地使用

次は国連軍である。ここでいう国連軍とは、米軍以外の国連軍参加国の軍隊のことである。ただし、万が一にも日米安保条約が破棄されるようなことがあった場合は、米軍が国連軍としての立場において、この枠組みの下で日本の基地を使用する可能性は残る。なぜなら、本章でみたように、日米安保条約と吉田・アチソン交換公文／国連軍地位協定は相互に独立しているというのが米側の認識だからである。言い換えれば、どちらかが失効しても、他方は残りうる。両者は補完的であるだけでなく、代替的な関係である。

国連軍に想定されるシナリオは、ａからｊまで十通りである。このうち、基地使用が認められると解されるのが、ｂ、ｄ、ｆ、ｈの四つである。こちらでは基地使用が認められることの四つのシナリオをみていこう。

なお、国連軍の基地使用の目的は兵站であることが前提である。繰り返せば、そのことは国連軍地位協定の合意議事録によって規定されている。すなわち、参加国には「朝鮮における国際連合の軍隊」に対する「十分な兵站上の援助を与えるために必要最小限」の基地使用が認められている。それに該当するのが、ｂとｄである。

⑴　ｂ

ｂはもっともオーソドックスな形態である。朝鮮戦争ないしそれに準ずる危機が再開した場合に、参加国は日本の基地から朝鮮で戦闘作戦行動をとる国連軍としての米軍に対して兵站支援を行う。もちろん、この場合に日本側と何らかの必要な調整を行うであろうが、日本側の同意を得る必要はない。

⑵　ｄ

dは極東において朝鮮有事以外の事態が生じた場合である。ここでは当該の事態が、北朝鮮の行動に由来するか、あるいはそれに関して新たな国連決議が発出されるかどうかが問題になる。いわゆる「さらなる行動」の問題である。もし、右のような条件が満たされる場合、国連軍は日本の基地から、国連軍として活動する米軍に対して兵站支援を行いうる。本章でみた政府の国会答弁もそれを示唆している。

しかしながら、このような解釈の根拠となる文書は公表されていない。現時点でわかっているのは、少なくとも安保改定交渉において米国側がそのような解釈を望んでいたということである。もっとも、文書が公表されていないという事実からは、日本にとって望ましくない了解（すなわち、「さらなる行動」が認められる）が成立したか、あるいは日米双方の解釈の溝が埋まらずに、互いに一方的な意思表明を行うにとどめた可能性がある。

(3) f

fは国連軍地位協定には明示されていないシナリオである。想定されるのは、日本有事である。日本が外部から攻撃を受けた際に、国連軍が日本の基地から動くというシナリオである。そこには二つのパターンがある。第一は、日本への攻撃が在日国連軍とその基地への攻撃を伴う（彼らに被害が生じる）場合である。なお、安保改定の時点で、在日国連軍基地である米軍基地には、参加国の部隊が少ないながらも駐留していた。

日本有事において在日米軍基地が攻撃の対象となることはほとんど疑いがない。在日米軍基地が攻撃されれば、在日国連軍にも被害が生じうる。そのため、日本有事において国連軍は何らかの行動をとらざるをえない。問題はその際の行動の根拠である。国連軍地位協定はその根拠にはならない。日本政府の解釈によれば、そうした行動は国連軍自身の自衛権の発動として根拠づけられることになる。したがって、彼らの行動は「兵站」に限定されるとも限らない。本国からの主力部隊の来援を待ち、反撃（戦闘作戦行動）に出る余地もある。ただし、これは日本側の一方的な解釈である可能性もある。少なくともこうした解釈について日本と米国あるいは国連軍が合意していることを示す史料はみつかっていない。

(4) h

hは日本有事だが、在日国連軍に対する攻撃は生じていない事態である。このような事態は現実的ではないが、その可能性はゼロではない。たとえば、敵国が日本の軍事施設のみを攻撃対象とし、在日国連軍基地／在日米軍基地に被害が生じることを徹底的に避ける場合である。しかしながら、その場合も日米安保条約第5条は発動される。つまり、在日米軍基地に被害が及ぶかどうかにかかわらず、米軍は何らかの対処に迫られることになる。そうであれば、敵国はやはりどこかの段階で在日米軍基地を叩かざるをえないかもしれない。こうなると事態は先のｆに移行する。

しかしながら、ここではあえて在日国連軍／在日米軍基地に対する攻撃がまったく生じない事態を想定してみよう。この場合に考えなくてはならないのが、日本への攻撃が北朝鮮によるものなのか、あるいはそうでなくとも、北朝鮮との密接な関連が疑われる事態であるかどうかである。

まず、北朝鮮による直接的な日本攻撃の場合、ｂと事実上、同一の事態だと考えてよい。すなわち、朝鮮戦争の再発に準ずる行為であり、すでに採択された安保理決議にしたがって参加国が国連軍として行動する。次は、北朝鮮の直接的な行動ではないが、朝鮮戦争のいわば「延長戦」と捉えられるような「さらなる」事態が生じた場合である。この場合、参加国は国連軍として動く米軍に対して兵站支援を行いうる。もっとも、この場合、現実的には国連安保理での承認や追加の決議等が必要になるかもしれない。

国連軍は動くのか

以上、有事において国連軍が動く四つのシナリオをみてきた。しかし、いうまでもないが有事に参加国が動くには、本国からの来援が必須である。通常、平時に彼らの部隊は駐留していないからである。しかし、そうした状況にも近年、変化が生じている。詳しくは第7章でみるが、2022年以降、日本は国連軍参加国である英国と豪州とのあいだで、いわゆる「円滑化協定」を締結した（英国は2023年1月署名、豪州は2022年1月署名）。これは平時から、彼らの部隊が日本の自衛隊施設に展開し、訓練等を行うための協定である。日米地位協定の英国版、豪州版といってよい。さらに、これと同様の円滑化協定が今後、フィリピンやフランスなど他の参加国とのあいだでも結ばれていく可能性がある。

こうした変化を踏まえると、右のシナリオはより現実的になる。平時から「動ける」部隊が日本におり、米軍がそうであるように、彼らもまた必要に応じて国連軍に衣替えできる。国連軍に立場を変えれば、自衛隊施設はおろか、在日米軍基地も使用できる。極東有事となれば国連軍としての米軍と、そしてまた自衛隊と共同で対処する事態も想定できる。

日本の安全保障に関与する国は米国だけではない。日本の戦後の安全保障は多層的なスキームからなっている。安保改定はそれを盤石なものにしたということである。安保改定を経て、日本は日米の二国間安全保障枠組みと、国連軍という多国間安全保障枠組みに強固に、かつ深く組み込まれることになったのだ。

第4章　基地問題の転回と「日本防衛」

日本が外国から攻められたら、米軍が日本を防衛するだろう。そう考える人は多い。しかし、本当にそうだろうか。そもそも「米軍が日本を防衛する」とは何なのか。具体的に何をどうすることをそういうのだろう。それがはっきりしなければ、日本がその代償として応じている基地負担の妥当性を評価することもできないはずである。そうであるなら、この問いは日本の基地問題を考えるうえで決定的な意味をもつ。

本章の目的は、在日米軍基地は日本を防衛するためにあるのか、そうでないのかを問うことにある。もちろん、それに対する教科書的な回答は「イエス」だ。しかし、前章でみた日米安全保障条約（第5条、第6条）はそれにはっきりと答えるものではない。その答えは、あくまでも米国側の条約解釈と米軍の戦略ないし運用のなかにある。それは外交の表舞台には出てこない。米政府の内部に、おそらくは可変的に不確かなまま存在するものである。

ところが、１９７２年の沖縄の施政権返還を挟んで生じた在日米軍基地の再編（整理・統合・縮小）の過程に、その答えが少しだけ透けてみえる場面がある。国防総省・軍が、日本防衛に関する軍事戦略上の方針を明らかにしたのである。

そのため本章は、安保改定後の在日米軍基地をめぐる政治の動きとして、１９６０年代後半以降に生じた基地再編の過程を考察する。[1] そこにはもう一つの狙いがある。このとき起こった基地再編の最大の特徴は、日本本土から沖縄への基地の移転にある。関東平野の基地が縮減し、代わりに沖縄の基地の存在感が増していく。それだけではない。沖縄の施政権が返還されたまさにその日（１９７２年5月15日）に、沖縄の重要な三つの基地――普天間、嘉手納、ホワイトビーチ地区――が、国連軍基地に指定される。

本章でみる１９６０年代後半から70年代前半は、沖縄における基地問題のターニングポイントなのだ。

1　本土から沖縄へ

在日米軍基地をめぐる政治史にとって、１９６８年は重要だ。この年、米国では1月にジョンソン（Lyndon Baines Johnson）大統領がドル防衛に関する特別教書を発表し（ドル危機）、ベトナム戦争への関与縮小への布石を打った。２月には、カッツェンバック（Nicholas D. Katzenbach）国務次官を中心とする海外基地調査グループが発足、グローバルな米軍基地システムの見直しが始まった。日米間では、９月に行われた第5回日米安全保障高級事務レベル協議（Security Subcommittee：ＳＳＣ）の場で「基地問題」が初めて議題として扱われ、それを合図に以降、日本本土における基地の再編政策が加速していく。

以下、この１９６８年に開始された在日米軍基地再編のプロセスをみていこう。

日本本土の反基地運動

１９６８年1月19日、核兵器を搭載可能な航空機を積んだ海軍の原子力空母エンタープライズが佐世保に入港、それに反対する人々と警官隊が衝突した。５月２日には、佐世保に定期的に入港していた原子力潜水艦ソードフィッシュの周囲の海水から平常値の10倍以上の放射能が測定された。それを受けた社会、民社、公明、共産の野党4党は抗議の談話を発表、社会党は調査団を現地に派遣した。科学技術庁の専門家会議も調査を開始、「原子力潜水艦以外に原因は考えられない」との最終報告を発表した。[2]

この事態は国会でも大きく取り上げられ、「核」に敏感な革新陣営を刺激した。三派全学連は「日本のベトナム戦争協力と核基地化をうながすもの」として、エンタープライズの寄港を阻止することを宣言、１９６８年1月17日の早朝には基地反対派の約１０００人が列車で佐世保に到着、角材を抱えて機動隊に突入した。[3] その様子はテレビのニュースで全国に放映された。世にいう「佐世保事件」である。負傷者は学生、市民あわせて７００人、うち16人は重傷を負った。

深刻化していた基地問題は他にもあった。陸軍王子病院（キャンプ王子）である。当時、ベトナム戦争で負傷した米兵の75％は、日本で治療を受けていた。東京都北区にある王子病院は住宅の密集地帯であるうえ、基地の近くには中学校、高校、大学などの学園地区があった。そのため、社会党、共産党、区労連などの革新団体のみならず、保守系区議、町内会、ＰＴＡ、商店連合会などから防疫、風紀等に照らした反対の声が上がっていた。

決定的だったのは、6月2日に起きた九州大学への米軍機の墜落事故だった。九州大学にほど近い板付飛行場（現福岡空港）はかねて事故の危険性の高い基地として問題視されていた。基地は博多駅から至近距離にあり、米軍機の爆音による影響区域は全市面積の41％を占めていた。その影響区域には25万人が常住し、そこには学校１０９件、医療施設７１３件があった。

もっとも、１９６４年のＦ－１０５戦闘機の横田移駐以降、板付における米軍機の使用頻度は減少の一途を辿っていた。地元では九州基幹空港整備5ヵ年計画が用意され、板付の国際民間空港への転換の期待も高まっていた。ところが、1968年1月に生じたプエブロ号事件（米海軍の情報収集艦プエブロ号と北朝鮮軍の駆潜艦が対馬海峡附近で衝突し、米兵が拿捕された事件）以降、F-4ファントム戦闘機が常駐するようになり、米軍機の使用回数が再び増加していた。

事故が起きたのはその矢先だった。6月2日、午後10時45分頃、板付から飛び立ったF-4ファントムが、エンジン故障のため九州大学箱崎キャンパス構内、大型計算機センターの5階附近に墜落、炎上した。もとより同大学は、基地から3㎞余りしか離れていないところにキャンパスがあり、米軍機はその真上を低空で飛行するため、その騒音と振動はことのほか激しかった（「ガード下の大学」ともよばれていた）。幸い負傷者はなかったが、墜落現場のすぐ隣には原子核実験室があり、そこにはコバルト60が保管されていた。

6月4日、5日の両日にわたり、水野高明総長を先頭に市内でデモを行った。デモには学長、各学部長をはじめとする教職員・学生のほか市民も参加、総勢2500人が「板付米軍基地を撤去せよ」と声を上げげた。この動きに呼応するかのように、同じく福岡県下の（板付空軍基地の運用に不可欠な）山田弾薬庫でも弾薬荷揚・輸送反対運動が激化した。

ジョンソン・マケイン計画

基地への反発が高まるにつれ、米国内の動きも慌ただしくなった。九大墜落事故から4日後、在日米国大使館のオズボーン（David Osborn）公使は、ラスク（Dean Rusk）国務長官に書簡を送り、「大衆の要求は暴発寸前のレベル」との見方を示したうえで、基地問題の解決に最大限の注意を払う必要があると伝えた。[4] 事態を重くみた国務・国防両長官は7月8日、大使館及び太平洋軍司令部に対し、在日米軍基地の見直し作業の開始を命じた。見直しは「米国の国益にとって絶対的に不可欠な基地を維持しつつ、優先順位が低くかつ潜在的に紛争の火種となる基地を削減あるいは撤収すること」を目的とし、とりわけ基地問題がもつ深刻な政治性に注意を払うことが求められた。[5]

太平洋軍司令官のマケイン（John McCain Jr.）海軍大将は8月26日から29日にかけて日本を訪問、27日にはジョンソン（U. Alexis Johnson）駐日大使と詰めの協議を行った。協議の結果、計画の大枠についての合意が成立した。その後、細部についての調整作業を経て、ジョンソンとマケインは9月26日に計画に合意した。[6] それは、日本本土の54の基地を整理・統合しようとする大掛かりなものだった。そしてそれらは二つのカテゴリー、すなわち特定の施設を完全に、あるいは一部を日本政府に返還する32施設と、日本側の費用負担で日本国内の他の場所に移転する22施設に分けられた。

米軍の統合参謀本部もこの計画をおおむね好意的に捉えた。[7] ホイーラー（Earle Wheeler）議長は、同計画の実施は在日米軍の作戦に支障をきたしかねない日本国内の反基地運動を和らげるものと評価した。ホイーラーと同様の見方を示したうえで、基地再編のさらなる進展を促した。

一方、同時期、海外基地の削減に強い関心を示していた文官組織である国防長官府のエントーヴェン（Alain Enthoven）国防次官補は、王子と板付を含めたいくつかの施設を名指しして、在日米軍基地についてはさらなる削減が行われるべきであるとの認識を示した。[8] それにはニッツェ（Paul Nitze）国防副長官も同意だった。

国防総省の再編計画

このとき国防総省は、１９７０年代初頭まで継続する在日米軍基地再編政策の素案ともよべる計画の立案に着手していた。[9] そこでは首都圏に所在する航空基地機能の横田への集中、佐世保の閉鎖と横須賀の母港化、沖縄の普天間の完全な閉鎖と在沖海兵隊の撤退が唱えられていた。沖縄の海兵隊は軍事戦略上、不要とみなされ、戦闘部隊の米本国への撤収と兵站部隊の整理・統合が打ち出された。沖縄海兵隊基地の事実上の運用停止である。そしてそのような政策は、日本本土における不要な基地の「収納先」としての沖縄を維持するための手段としても位置づけられていた。当時、米国の統治下にあった沖縄は、日本本土に置いておけなくなった基地を移転させる場所として認識されていた。

このとき国防総省の国防長官府は普天間基地に所属する海兵隊の航空機を朝鮮有事においては「決定的なものではない」とみていた。[10]また朝鮮戦争の再開後、「最初の数日間に生じる航空支援要請は前方展開しているおよそ200の空軍戦闘機によって満たされる」との見方を示し、有事においては海兵隊ではなく空軍のほうが空対空の戦闘に適していると考えていた。[11]そのため普天間所属の航空機はフィリピン、そして米本土へ移転できると判断された。

計画を主導した国防長官府は、日本政府が「米軍プレゼンスを視界から遠ざけようと」していること、そして基地に反発する「野党と社会党を支持するグループからの圧力にさらされている」ことを重くみた。そのため、「占領の残滓」たる米軍基地を抜本的に削減し、本土の基地問題を解決する必要性を強く主張していた。

議会の懸念

基地再編計画が始動して間もなく、米国では民主党のジョンソン政権に代わって共和党のニクソン政権が誕生した。1969年1月に発足したニクソン政権は、前政権から在日米軍基地の再編政策を引き継いだ。この頃になると、米国の連邦議会（上院外交委員会）も日本の基地問題に関心をもち始めていた。焦点は国防予算の削減だった。
１９６９年2月、上院外交委員会に設置された「サイミントン委員会」は、在日米軍基地の実態調査を行い、それを踏まえた非公開聴聞会を開催した（のちに詳述する）。そこで同委員会は日本本土にあるいくつかの基地、たとえば水戸射爆場や首都圏の米軍専用ゴルフ場を軍部の既得権とみなすとともに、基地がもつ保守性と持続性を批判した。委員会が提出した最終報告書には、次のようにあった。[12]

一旦、海外基地が設置されるとそこには生命が宿る。当初の目的が達成されれば、新たな目的が与えられる。基地はたんに維持されるのではなく、ときに拡張される。政府内、より端的にいえば、国務省と国防総省の内部には、海外基地を削減・撤収しようとする自発的な動機は存在しない。

サイミントン委員会が首都圏の空軍基地と水戸射爆場の返還を勧告したことで、基地再編の焦点は関東平野に絞られた。１９７０年11月、国防総省は最終的な基地削減計画をまとめ、レアード（Melvin R. Laird）国防長官の承認を得た。[13]一貫して懸案だった板付は無条件返還、横田と三沢の戦闘機は撤退、水戸射爆場は使用中止が決定した。なお、このとき横田の戦闘機部隊は沖縄の嘉手納基地へ移転した。横須賀は一部の司令部機能を残して日本に返還、機能上、横須賀と連結されていた厚木飛行場も大部分が返還されることとなった（ただし、のちに横須賀と厚木の計画は撤回される）。

関東計画

東京近郊に限れば、右記の再編・返還計画の影響は広範囲に及んだ。なぜなら、横田基地からの戦闘機部隊の撤退は、同部隊を支援するための施設の閉鎖も可能にしたからである。それが実現すれば横田には巨大な空きスペースが生じる。ならば、その「空き」に関東平野の空軍施設を集約してしまおう。そう考えたのが、いわゆる「関東計画」である。

計画の立案は、東京の第5空軍司令部が担当し、国防長官府と太平洋軍司令部が各組織の利害を調整した。計画は1971年12月にまとまった[14]。1973年1月23日には外務省で日米安全保障協議委員会が開かれ、日本からは大平正芳外相と増原恵吉防衛庁長官らが、米国からはインガソル（Robert S. Ingersoll）駐日米大使とゲイラー（Noel A. M. Gayler）太平洋軍司令官・大将らが出席、関東計画の実施について合意をみた。

日本側は「急速な都市化にみられるような最近の社会、経済及び環境の変化」を指摘するとともに、「日本本土及び沖縄の双方において，施設・区域の統合を一層実施すべきであること」を強調した。それに対し米側は、「人口稠密地域において深刻化している土地問題及び安保条約の目的上必要でなくなった施設・区域の返還についての日本政府の要望を考慮に入れている」こと、そしてその一方で、「ニクソン・ドクトリン及び地位協定に従って日本の安全に寄与し、並びに極東における国際の平和及び安全の維持に寄与する施設・区域を日本において維持する」つもりであると述べた。[15]

関東計画で返還されたのは、住宅施設であるグリーンパーク（武蔵野市）とグラントハイツ（練馬区）、立川飛行場（立川市、昭島市）、大和空軍施設（東大和市）、関東村住宅地区（府中市、調布市、三鷹市）、水戸射爆場（茨城県ひたちなか市）、そして陸軍施設であるキャンプ淵野辺《ふちのべ》（相模原市）である。すべてではないものの、大部分が返還されたのが、府中空軍施設（府中市）、ジョンソン住宅地区（狭山市）、キャンプ・ドレイク南地区（朝霞《あさか》市、練馬区）である。最終的に関東計画の実施期間は３年、期限は１９７６年３月末と定められた。

こうして戦後の日本本土における基地削減政策は一つの区切りを迎えた。首都圏の基地は横田に集められ、人々の視界から次第に遠ざかるとともに、本土の反基地運動もそれを境に沈静化の一途を辿る。

以降、基地問題の中心地は日本本土から沖縄へと移ることになる。

2　基地と日本防衛

日本防衛を任務としない

では、このとき米国は日本防衛の問題をどのように考えていたのだろうか。基地再編計画のなかには米軍の戦略上、重要と思われる基地（横須賀、佐世保）や部隊（沖縄海兵隊、横田・三沢の戦闘機部隊）の撤退も含まれていた。米軍による日本防衛に支障をきたすとは考えられなかったのだろうか。

1969年3月、ニクソン政権で大統領補佐官（安全保障問題担当）を務めたキッシンジャー（Henry Alfred Kissinger）率いるNSC（National Security Council）は、「日本に駐留するいかなる部隊も、対日防衛を主要任務としていな」いことを確認したうえで、このとき日本で激化していた基地問題の解決に取り組む姿勢をみせた。[16]

NSC内部での検討の過程で、国防総省と軍は在日米軍基地の戦略的意義を下記のように明確にした。なお、下記が記された文書は別の文書番号で同じものが存在するが、興味深いことにこの部分は黒塗りになっている。

現在、統合参謀本部（ＪＣＳ）が承認している戦略は、次のようなものである。中国および（あるいは）ソ連との戦争が起こった際、米国は最低限、日本、沖縄、台湾、フィリピン、信託統治領である太平洋の島嶼《とうしょ》地域、豪州、そしてニュージーランドの、重要な戦略地域の防衛を保障しなければならない。〔中略〕日本には主要な部隊（**major units**）は展開していない。日本防衛を支援するための部隊も展開していない。しかしながら、米軍施設を保護することは、日本にも防衛上の利益をもたらしている。[17]

図４－１　**キッシンジャー大統領補佐官と佐藤栄作首相**　首相公邸、1972年６月10日

ここでいう「重要な戦略地域」の意味は必ずしもはっきりしない。しかし、後段の記述からは、米軍が「米軍施設を保護」する意思をもっていることはうかがえる。だとすれば、ここでいう「重要な戦略地域」には、少なくとも「米軍施設」と、おそらくはその周辺地域が含ま

れると読むべきだろう。

それを前提とすれば、この文書が示唆するのは、おおよそ次のようなことである。まず、米軍は最低限、米国の財産である在日米軍基地とそこにいる米国人（軍人、軍属、家族）を保護する。そのことは間接的に日本の安全保障に資する可能性がある。米軍基地を防衛するということは、すなわち日本の領域の一部を防衛することを意味するものだからである。他方、米軍は日本全土、わけても基地のない地域を防衛する戦略をもっていない。したがって、当然のことながら日本を直接的に防衛するための部隊（戦闘部隊と支援部隊）も、その受け皿となる基地も日本には存在しない。

このことから、少なくともこの時点において米軍が責任を負う防衛範囲は、日本の重要な戦略地域、すなわち米軍基地とその周辺だったと考えられる。言い換えれば、米国にとって重要ではない、たとえば基地が置かれていない日本の他の地域は、彼らの防衛範囲の外にあったということだ。横須賀、佐世保、横田、三沢、沖縄（海兵隊）の撤退が計画されたことも、それであれば合点がいく。実際、米国内部の基地再編計画の策定過程において「日本防衛」の問題は一度も、検討に付されていない。

とはいえ、これはあくまでも国防総省と軍部の戦略認識であり、日米安保の外交面を司《つかさど》る国務省は違うのでは、との疑問も生じよう。しかし、国務省の認識も大差はない。１９６９

年11月、国務省は日米安保条約の延長問題（１９７０年6月23日に日米安保条約は10年の条約期限を迎え、その後はどちらか一方が破棄しない限り、自動更新される）を検討する過程で、日本に展開する米軍部隊は「日本防衛を主たる任務としていない」ことを確認していた。[18]国務省によれば、米軍による「日本防衛」の意味は、敵国からの核攻撃や核を用いた威嚇から日本を守ることだった。彼らはそこで、通常兵器による攻撃や威嚇の排除は、米軍ではなく自衛隊の任務であるとの立場を明確にしていた。

米議会での証言

先述のニクソン政権下のサイミントン委員会（１９６９年2月設置）に話を戻そう。同委員会は１９７０年1月、日本と沖縄をテーマとする聴聞会を開いた。そこでは、基地と日本防衛の問題に関する重要な証言があった。[19]

証言台に立ったジョンソン国務次官は、「我々は日本を直接に防衛するために日本にいるのではない。日本の周辺地域を防衛するために日本にいる」と明言した。[20]

これを受けて、委員会の調査チームを率いた弁護士のポール（Roland Paul）は、日米安保条約第5条と第6条の関係について質《ただ》した。彼は１９６５年1月13日の「佐藤・ジョンソン（大統領）共同宣言」の文句、「大統領は、米国が外部からのいかなる武力攻撃に対しても日本を防衛するという同条約に基づく義務を遵守する決意であることを再確認した」を引き合いに出し、その解釈を問うた。佐藤・ジョンソン共同宣言は、米軍が日本防衛に無条件にコミットしているように読めるものだったからである。

なお、日本政府はかねてこの問題について、次のような立場をとっていた[21]。

安保条約第5条は、日本が武力攻撃をうけた場合は、日米両国が共通の危険に対処するよう行動することを定めている。ここにいう「武力攻撃」は、核攻撃を含むあらゆる種類の武力攻撃を意味する。このことは、佐藤・ジョンソン共同声明が、米国が外部からの「いかなる武力攻撃」に対しても日本を防衛するという、安保条約に基づく誓約を遵守する決意であると、述べていることによっても確認されている。

ところが、ジョンソンは、日米安保条約は日米が共同して日本の防衛にあたることを約束したものであり、日本が自身の防衛に貢献しない限り、米国も日本の防衛を約束するものではないと述べた。つまり、日本を防衛するかどうかは、場合によるということである。

すかさずポールは、「コミットメントの度合いは、条約上は曖昧ということか」と問うた。ジョンソンはそれについては否定し、安保条約は米軍基地を含む日本の施政下にある領域が攻撃されれば、それを平和と安全に対する共通の危険であると認めることになっているとし、そのような危険に対して日米両政府は憲法上の規定と手続きに従って対処することに同意している、と述べた。

基地の存在意義についても興味深い証言があった。証言台に立ったのは、在日米軍司令官／第５空軍司令官のマギー（Thomas K. McGehee）中将だった。[22] 彼は日本の重要な基地として、キャンプ座間、相模総合補給廠、横須賀海軍基地、佐世保海軍基地、三沢、横田、板付の名を挙げた。ただし、三沢（青森県）について彼は、それが必ずしも戦略的な目的で使用されているわけではないとも述べた。米側は、三沢に政治的な問題が存在しないことを高く買っていた。１９６０年代半ば以降、軍事的な脅威はすでにソ連から朝鮮半島へと移行していた。したがって、戦略的にみれば三沢の価値の低下は明らかだった。にもかかわらず、ここまで三沢が維持されてきたのは、マギーによれば、「施設がそこにあり、かねてそこに投資をしてきた」からだった。

委員会の関心はもっぱら首都、東京に集中していた。在日米軍基地を視察したポールは、東京の現状をまるでニューヨークに外国軍の空軍基地が三つ、海軍基地が一つ、ゴルフ場が四つあるようなものだと評した。サイミントン委員長は、軍事的脅威にさらされている韓国やドイツの国民が米軍の駐留を望むのはわかるが、「誇り高き日本人」がなぜ他国に占領されているかのような状態を望むのか、と問うた。ポールも、日本には原子力施設の隣に射爆場（水戸射爆場）があり、米軍の高官しか入れないホテル（山王ホテル）があり、米国人しか使うことのできない東京近郊のゴルフ場があるとし、「それらは占領期の我々の態度の名残なのか」と問うた。

それについて、ジョンソンは「日本人に不満がないとは言わないし、言うつもりもない」としたうえで、「これまで日本は、基地を負担（burden）だと感じてきたかもしれないが、彼らはそれを、我々が与える保護に対する価格（price）の一部とも考えている」、「もし日本が基地を動かしたければ、それは可能だ」と答えた。

聴聞会の終盤、サイミントンは米軍が日本に駐留することで米国が得られる利益は何か、と問うた。ジョンソンは、それは朝鮮半島での抑止力の維持、すなわち金日成《キムイルソン》による対韓国攻撃を抑止することだと端的に述べた。彼は、それこそが米国の安全保障上の利益であり、それゆえ在日米軍を維持する必要があると答えた。

１９７０年12月20日、サイミントン委員会はこうした証言をもとに、上院外交委員会に報告書を提出した。[23]そこでの結論は、軍はつねに「緊急時の使用（contingency use）」という保険をかけており、不要な基地までも維持しようとしてきた、というものだった。米国と日本の関係は「まるで勝者と敗者の」ごときものであり、日本人の反米感情の高まりを自然なものと断じた。そのため、関東にある空軍基地を比較的人口の少ない三沢に移すこと、そして基地はすべて自衛隊との「共同使用」へと移行し、「単に便利だからという理由で維持している基地を日本側に返還」するよう勧告した。このことが先にみた、国防総省による在日米軍基地の再編政策と関東計画の中身に影響していく。

3　国会での攻防

１９７０年８月23日、右にみた聴聞会の議事録が公開された。この内容を日本のメディアは驚きをもって報じた。紙面には「安保の変質」、「在日米軍基地は日本防衛のためというより周辺諸国防衛が主要目的」の見出しが躍り、サイミントン委員会に対して、「これまで日本政府答弁が否定したり大した問題ではないとして逃げようとしてきた問題を明るみに」出したと評した。[24]朝日新聞は、ジョンソン国務次官の発言として、「日本の国内政治的には、在日米軍基地は日本防衛のためだけにあって、それ以外のことには使えないし、日本政府は使わせないと解釈してきたが、それが変わった」との認識を伝えた。

この問題は国会でも取り上げられた。[25]１９７０年８月27日の参議院外務委員会で質問に立った社会党の森元治郎《もりもとじろう》は、「政府から過去10年以上同じように、日本本土を擁護するためにアメリカ軍に基地を貸しているのだ、ほかの国に関係しないのだ」と説明されてきたとして、政府の見解を質した。それに対して愛知揆一《あいちきいち》外相は、「アメリカの国務次官がこういう点について、彼としての評価といいますか、観測といいますか、批評といいますか、それについていまお触れになりましたようなことばを用いていることは事実でありましょうけれども、日本政府としては、〔中略〕安保条約が10年前に改訂されて以来とっている立場と何ら異なることはない」と答えた。

森は、「ジョンソンは微々たる一国務次官だと、彼の言うことはアメリカ政府の役人の一部のコメントに過ぎぬのだと言うけれども、ここでしゃべった場所は議会であり、権威ある秘密の聴聞会の証言で、聞いている人は、チンピラ次官の説明だと聞いているとは思わない」と返した。9月10日、愛知は、ジョンソン発言は、従来の政府解釈と何ら矛盾しないとしたうえで、「愛知の説明する場合とジョンソン君が説明する場合と、人の話法その他にも若干の違いがあることはこれはいなめないところだ」と述べた。

それに対し、社会党の曽祢益《そねえき》は、「今日まで日本側は、在日基地は日本防衛のためにのみ使用され、他のいかなる目的に使用することもできないし、同意しないという、法律的ではないが、政治的立場をとってきた」と続けた。そのうえで、ジョンソン証言を引いて、「アメリカは日本の防衛のために何らの軍隊を、部隊を置いていない。〔中略〕ジョンソンも、マギー司令官も、現在日本にあるアメリカ軍というものは、日本の直接防衛ではない」と加えた。これについて愛知は、「狭い意味の第5条系統の日本列島のセキュリティーということからいえば、これはまさに日本の自衛隊が本来の任務としてこれに当たるべきである」との認識を示すのが精一杯だった。

4　日米合意――本土基地の返還

すでにみた国防総省の基地削減計画が日米間で合意されたのは、1970年12月21日のことである。[26] 最終的な計画には、日本防衛に対する米側の関与の印象を低下させないための工夫がなされた。米側はこのとき日本政府が抱いていた「見捨てられ」の不安を解消しなくてはならないと考えていた。

計画の策定が大詰めを迎えていた1970年9月8日、マイヤー（Armin Henry Meyer）駐日大使はジョンソン国務次官に宛てて、「サイミントン委員会の議事録が公開されたことで、日本国民はそして日本政府も当然だが、日本に配備されている戦術航空機が日本を直接防衛するために存在するのではなく、その他の地域条約におけるコミットメント――そこには、日本の安全保障も含まれるわけだが――のために存在しているという事実にすでに気づいている」と伝えた。[27] そしてそれゆえに、横田と三沢からの戦闘機の撤退のありかたについては慎重に見極めなくてはならないとした。

問題の核心は戦闘機を（日本に近接する）沖縄や韓国に移すのか、それともグアムや米本国に移すのか、だった。当然、本土に近い沖縄に移すほうが米国による「日本放棄」の印象を和らげることにつながると考えられた。そして、両者を同時に移転させるのではなく、時期をずらして移すことも重要とされた。

マイヤーの意見は、国防総省の計画に取り入れられた。日米間で合意された実際の再編計画では、戦術航空部隊の移転のタイミングは、三沢が1971年3月、そして横田が同年6月と時間差が設けられた。日本側が抱く安全の低下についての懸念に対しては、日本から去るにしても北東アジアとくに東シナ海と韓国地域に留まるとの説明がなされた。[28] 具体的には移転先として沖縄の嘉手納基地が選ばれた。日本本土から近からず遠からずの位置にある沖縄は、米国にとって日本の不安を鎮める解とみなされた。

これに関連して、中曽根康弘《なかそねやすひろ》防衛庁長官は日米安全保障協議委員会の席上、次のように述べていた。

将来的に極東でのさらなる米軍の削減があり得るとすれば、それは戦争に対する抑止力を低下させ、また緊急時の即応的な支援能力を低下させるものと危惧している。したがって、今回の再配置が完了した後、極東における米軍の兵力レベルは維持されることが望ましい。[29]

日米合意に先立って開催された防衛庁の参事官会議（１９７０年12月12日）では、内局から「どこまで引くかという歯止めが必要。情報通信、佐世保、沖縄、ＴＡＣ（Tactical Air Command：戦術航空部隊）、海兵隊等、抑制力として最低限必要なものを残してもらわないといけない」との意見が出た。[30] また、空自の航空幕僚監部は、戦術航空部隊の横田と三沢からの撤退によって、米軍による日本防衛の意味は明らかに変化すると危機感を募らせていた。空自にとっては「米軍が現実に存在するのと、来ることができる」のでは意味がまったく異なっていた。戦術航空部隊の撤退は「来るという大きい前提の決め手の人質がいなくなる」ことを意味した。

防衛局も空自のそうした見方に同意した。彼らは「ソ連がちょっかいをかけて来たら、それが直ちにアメリカに対するちょっかいともなる体制が必要である」として、現状では米軍のさらなる削減に歯止めが必要との認識を示した。それを受けて中曽根は、「米軍のプレゼンスは必要。米軍の撤退計画を一方的に聞くだけではなくて、これ以上、米軍の撤退が進められることは問題であることを認識し、ブレーキをかける必要がある」との認識を示したのである。[31]

5　沖縄返還と基地の固定化

かくなる経過を辿った日本本土の基地再編政策は1970年代をつうじて着実に実行されていった。その最終局面である「関東計画」もまた、1976年までにはおおむね完了した。首都圏の空軍基地の大半が横田に集約されたことで、それまであった基地に対する反発は和らいだ。日米両政府にとってこの問題は一部地域を除けばかつてほど考慮する必要がなくなった。

それと引き換えに、沖縄では基地の存在感が増していった。ときを同じくして、1972年5月に沖縄の施政権が日本に返還された。「沖縄返還」は日本本土の基地縮小が決定し（70年12月）、三沢（71年3月）と横田（71年6月）から戦闘機が沖縄に移転された直後に起き

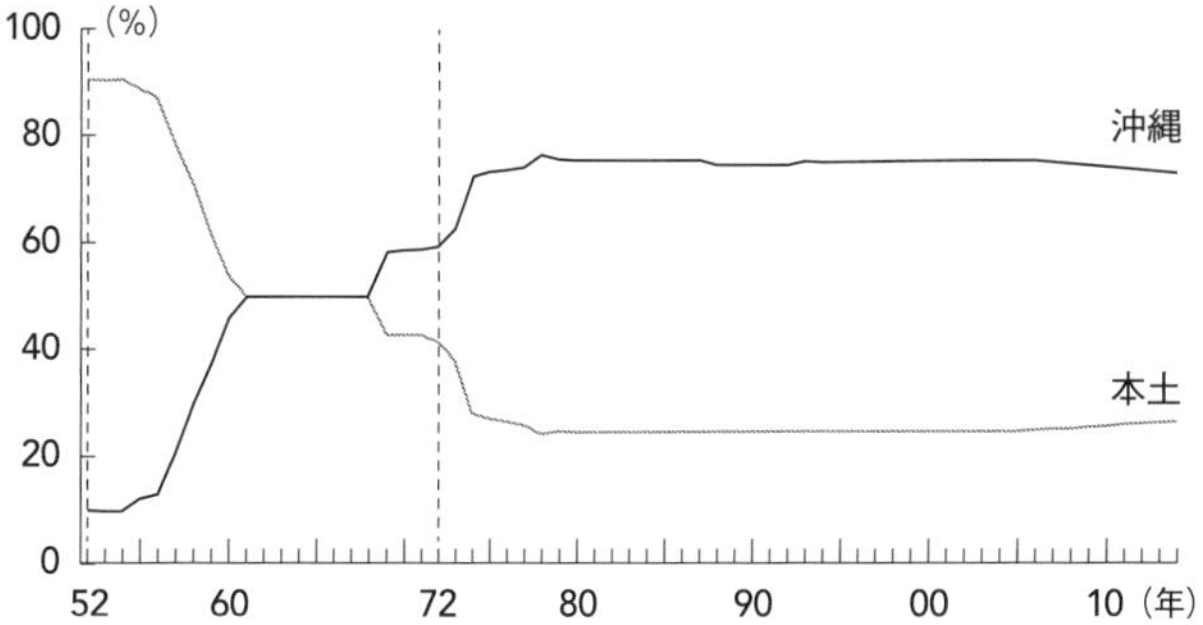

図４－２　日本本土と沖縄における米軍専用施設の面積比

た出来事である。

沖縄への基地の偏倚《へんい》を米軍専用施設の面積ベースでみると、１９６８年あたりを境に沖縄が本土のそれを上回るようになる。１９７８年あたりにその上昇は停止し、以降本土に約26%、沖縄に約74%という比率が続いていく。２０００年代以降に入って再度、沖縄で基地の整理・縮小が進んだが、それでも２０２３年の時点で約70%の基地が沖縄に集中している。

専用施設か、共同使用施設か

ところで、沖縄への基地の集中を論じる際に米軍専用施設ではなく、米軍と自衛隊の共同使用施設を含めた面積比を参照すべきだとの議論がある。共同使用施設を含めた面積でみれば、沖縄は全体の２割程度になるため、必ずしも基地の集中は起きていないと主張されることがある。しかし、政治・社会問題としての基地問題を捉えるならば、専用施設のほうをみるのが適切である。というのも、共同使用施設を含めてしまうと、米軍が一時的に使用する東富士演習場や矢臼別《やうすべつ》演習場なども含まれることになるからだ。演習場は一般に、面積が広大である。したがって、それを含めると、基地全体の面積（分母）は極端に大きくなり、沖縄の基地の占める割合は減じられることになる。

それよりも本質的な問題は、専用施設の場合、基地の全体に日米地位協定第3条（米国が基地管理権をもつ）が適用されるという点である。本書第3章でみたように、地位協定第3条は地位協定の核心部である。言い換えれば、基地を受け入れる社会とのあいだでもっとも緊張関係をはらむものでもある。

一方、自衛隊との共同使用施設の場合、日本側の主権にも配慮がなされる。たとえば、米軍が一時的に利用する自衛隊施設（地位協定第2条4項b施設）の場合、基地の管理権は日本側にある場合もある。[32]米軍が使用していない期間・区域には当然、防衛省・自衛隊の立ち入りも許される。専用施設かそうでないかは、とりわけ主権の観点からみた場合に、基地問題を「問題」たらしめる所以が異なるということだ。

本論に戻ろう。米軍基地が沖縄に集中し、その状態が固定化されたのはなぜだろうか。右にみてきたように、日本本土においては人々の望む基地の返還が実現したが、沖縄ではそれが叶わなかった。このことを理解する一つの鍵は、本土から沖縄への基地移転、ならびに施政権返還のタイミングにある。

国連軍基地指定――普天間、嘉手納、ホワイトビーチ

米軍が沖縄の米軍基地を施政権返還後も変わらず重視していたことは疑いがない。施政権返還をめぐる交渉でも、米軍側の抵抗は熾烈だった。軍部がもっとも避けたかったのは、沖縄に日米安保条約、わけても「事前協議」が適用されることだった。そのため、基地の自由使用の権利をできるだけ長く維持するために、沖縄の一部地域を日本の主権から切り離す案すら検討された。キューバのグアンタナモ基地をモデルとした「飛び地」案である。[33] むろん、こうした案は米内部の検討過程で消えていく。とはいえ、こうしたエピソードは軍部が沖縄をいかに重視していたかを端的に示している。

１９７２年５月15日、日米両政府の長きにわたる交渉を経て、沖縄の施政権が日本に返還された。それを受けて、この日の午前０時、日米合同委員会が開催され、沖縄の軍事基地を米国に提供することが合意された。

それだけではない。この日、合同委員会に続いて、国連軍合同会議が開催された。[34] その場で嘉手納飛行場、ホワイトビーチ地区、普天間飛行場の３基地が新たに在日国連軍基地に指定された。

図４－３　普天間基地　1998年６月29日

なお、この時点では、他にキャンプ座間、府中空軍施設、立川飛行場、横須賀海軍施設、佐世保海軍施設、キャンプ朝霞、横田基地、岩国基地が国連軍基地であった。

この件は当時も日本国内では議論になっていない。新聞は1972年5月15日付の夕刊でベタ記事として報じ、国会では72年8月22日に一度、参議院外務委員会で事実関係の確認がなされたのみである[35]。

嘉手納、普天間、ホワイトビーチが国連軍基地に指定されたということは、この3基地に国連軍地位協定が適用されるようになったということである。言い換えれば、米国以外の国連軍参加国が、沖縄の施政権が日本に返されてなお、当該基地の使用を継続できるということである。

いま一度、整理しよう。沖縄の施政権が返還されたことで、沖縄の米軍基地は、日米安保条約を根拠条約とする基地へと地位が変化した。むろん、国連軍参加国は日米安保条約とは無関係の存在なので、それを根拠に沖縄の基地を使用することはできない。米国にしてみれば、それは困った事態である。極東の安全保障、とりわけ朝鮮有事においては友軍の支援が欠かせないからである。

そこで出てくるのが国連軍である。沖縄の基地が国連軍基地に指定されれば、新交換公文（1960年1月）と国連軍地位協定（1954年2月）が根拠となり、国連軍参加国の沖縄への駐留が可能になる。朝鮮有事（ないし極東有事）において、英軍や豪軍等が当該3基地から、国連軍として動く米軍に対して兵站支援を行うことができる。

朝鮮議事録は失効したのか？

第3章でみたように、1960年の安保改定によって、日米安保条約には「事前協議」が導入された。しかし、朝鮮有事においてはそれを回避する措置が講じられた。朝鮮議事録である。

施政権返還交渉の過程でも、この朝鮮議事録は形を変えて再確認されることになった。1969年11月21日の「佐藤・ニクソン共同声明」において、日本側は「韓国の安全保障は日本自身の安全保障にとって緊要」との立場を明確にした。[36]さらに、朝鮮有事の際に米軍が日本の基地から直接作戦行動をとることについて「前向きに、かつすみやかに」態度を決する意向を示した。これは「韓国条項」とよばれるものである。これにより、朝鮮有事では朝鮮議事録があろうがなかろうが、米軍は沖縄を含めた日本の基地から戦闘作戦行動をとることができる、という解釈が成立すると考えられた。

ちなみに、韓国条項が朝鮮議事録を置き換えるものなのか（つまり、朝鮮議事録は失効したのか）、それとも朝鮮議事録の有効性は依然、維持されたまま、その内容が改めて確認されたに過ぎないのかは、研究者のあいだでも解釈が分かれる。2009年に外務省が設置した「いわゆる「密約」問題に関する有識者委員会」は、朝鮮議事録は事実上、失効したとの見方を示しているが、そうでないと考える研究者もいる。[37] 肝心の米政府は少なくとも1970年代をつうじて朝鮮議事録の有効性が維持されていると考えていた。

それに加えて、先の3基地の国連軍基地指定である。これらのことをあわせて考えれば、米国は沖縄の施政権返還後も、それまで沖縄の米軍基地から得ていた軍事的利益のうち、朝鮮有事関連で決定的な部分（朝鮮有事における基地の自由使用と友軍による支援）をほとんど無傷で温存したといってよい。

では、なぜ普天間、嘉手納、ホワイトビーチだったのか。まず、嘉手納は空軍が使用する戦闘機の発進基地である。普天間は海兵隊が使用する輸送機の基地である。同じ飛行場でも、使用する軍種と機能が異なる。したがって、国連軍参加国は朝鮮有事においてこの用途の異なる二つの飛行場を使用することができるということだ。どちらか一方だけでは、米軍の軍事所要を満たすことができず、収容能力の観点からみてもとりわけ朝鮮有事においては友軍を迎え入れることが難しい。したがって、二つの飛行場を沖縄に維持しておくことは米軍にとっては重要だ。

他方、ホワイトビーチは軍港である。ホワイトビーチと長崎県の佐世保海軍基地は、運用レベルでは一体である。たとえば、有事においては佐世保に展開する輸送揚陸艦が沖縄のホワイトビーチへと急行する。ホワイトビーチでは、沖縄に駐留する海兵隊の地上部隊を乗船させ、その後、朝鮮半島等の目的地へと派遣される。ホワイトビーチもまた朝鮮有事における重要基地なのだ。

このように3基地は米国の極東での戦闘作戦行動において重要な役割を担うことになる。仮に国連軍参加国が行う日本での活動が、国連軍地位協定の合意議事録にあるとおりの「兵站」だとしても、3基地で行われるそれは、おそらく米軍の戦闘作戦行動と一体的な関係にある。なぜなら、沖縄には純然たる兵站基地としてのキャンプキンザー（牧港《まきみなと》補給地区）があるからである。にもかかわらず、上記の3基地が国連軍の基地に指定されたということは、それ自体が国連軍の想定する「兵站」の中身を浮き彫りにするものだろう。

6　普天間基地の変転

さて、3基地のうち嘉手納とホワイトビーチは、右にみた同時期の基地再編計画でも一度も「撤退」が検討されていない。米国にとっては一貫して重要性が高い基地だということだ。しかし、普天間は違った。繰り返せば、1968年の段階で閉鎖が計画されていた。しかし、普天間はその後一転して、機能強化が図られていく。普天間の国連軍基地指定は、そうした傾向をいっそう促進し、その固定化をもたらす契機となった。

機能の上書き

普天間の「撤退」から機能強化に至るまでの変転を整理しておこう。1968年12月の国防総省の基地再編計画では、沖縄海兵隊はベトナム戦争後の新たな戦略環境において「不要」の烙印《らくいん》を押されていた。[38] 普天間は完全に閉鎖、第3海兵師団は米本土に移転、海兵隊司令部と第3海兵兵站群は陸軍の第2兵站部隊と統合、つまり、沖縄における海兵隊基地の事実上の運用停止である。

なぜ、そのような計画が練られたのか。それは、国防総省（国防長官府）が、朝鮮有事において投入される沖縄の海兵航空部隊を軍事的に決定的なものとはみていなかったからである。沖縄の海兵隊は、朝鮮半島に到着するまでに時間がかかりすぎるというのがその理由だった。そもそも普天間は、もとは１９６０年代初頭に空軍が使わなくなった基地を海兵隊が引き取ったものである。第１海兵航空団が同基地の使用を開始して以降もヘリコプター部隊はほとんど展開しておらず、ベトナム戦争最中の１９６９年１月時点では、わずかに４機が展開するのみだった。

ところが、普天間の閉鎖計画に対する軍部の反発は激しかった。軍部はそうした計画を受け入れないばかりか、むしろ海兵隊の増強を唱えた。それを受けた海軍省は、沖縄の第３海兵師団と普天間飛行場を維持するとの方針を示した[39]。結局、海兵隊の撤退案は撤回され、普天間飛行場については新たに機能強化が打ち出された[40]。普天間の機能強化は、神奈川県にある海軍厚木飛行場の閉鎖に伴う措置だった。普天間に展開するヘリ部隊は将来的に80機に増強することが確認された。それまでのじつに20倍の兵力規模である。

増強のタイミング

普天間基地の将来をめぐるこうした米側の意思決定は、施政権返還合意を目前に控えた１

969年7月末から9月初頭にかけての1ヵ月余で行われていた。[41] この時期の沖縄にあって、海兵隊の残留ないし機能強化のタイミングはことのほか重要だった。基地や部隊の増強に要する米側の政治的コストは、施政権返還の合意（1969年11月）前とあとでは大きく異なることが予想できたからである。返還後には希少な、あるいは利用できない政治的資源も返還前には広くかつ容易に利用できたからである。琉球政府の上部組織である琉球列島米国民政府（USCAR）がもつ種々の権能はその典型である。

軍部にとってみれば、国務省が主導する施政権返還交渉は、沖縄における軍事的利益が確保されたあと、すなわち海兵隊の兵力規模（約1万9000人）が既成事実となったあとで開始されることが望ましかった。国務省の側には、軍部の強固な反対を抑えて沖縄の施政権を手放すことを決定した直後に軍の抵抗が予想される基地の整理・統合を進める余力は残されていなかった。軍部との対立は議会での返還協定批准の障害になることも明らかだった。政治的にみれば、海兵隊の増強は他にない絶妙のタイミングで決せられていた。

実際、ベトナムからの第3海兵師団及び第1海兵航空団の兵力移転は1969年11月までに完了した。[42] 同年9月16日には、国務省から駐日米国大使館に対し、ベトナムから順次海兵隊が沖縄に移転する旨が通告され、11月4日には海軍省が企図したとおり、第1海兵航空団の第36海兵航空群（MAG36）が普天間に移駐した。それとほぼ同じタイミングで第9海兵連隊が、沖縄本島北部にあるキャンプ・シュワブに入った。第3海兵師団司令部は、沖縄県うるま市にあるキャンプ・コートニーに、第4海兵連隊は金武《きん》町にあるキャンプ・ハンセンへと移動した。それに伴って1971年には、第3海兵水陸両用軍司令部がキャンプ・コートニーに配備され、第12海兵連隊は、沖縄市と元具志川《ぐしかわ》市にまたがって所在したキャンプ・ヘーグに移駐した。1973年に入ると、普天間基地でジェット機の使用を叶えるための改修工事が日本側の費用負担で行われた。それ以降、普天間は常時50機から70機の航空機が展開するMAG36の拠点となっていく。

なお、基地で行われる活動の多くは部隊間、施設間の物理的な距離が近いことが重要になってくる[43]。そのため、当該地域において軍事活動の拠点となる基地、典型的には飛行場や港はある種の「集積効果」をもつことがある。そうした基地は、いわば一種の「磁場」となり、別の基地・施設（司令部、訓練施設、通信施設、兵站施設等）の立地に影響を与える。そこには民間業者、技能をもつ労働者、道路や橋あるいは電気などのインフラストラクチャーもまた引き寄せられてくる。

そうした一般論を裏付けるかのように、1975年以降、陸軍のキャンプ瑞慶覧《ずけらん》は新たに海兵隊基地司令部となった。1976年2月には、岩国にあった第1海兵航空団司令部が沖縄に移転した。牧港補給地区も、陸軍から海兵隊へと移管された。こうして沖縄には、第3

海兵師団司令部、第1海兵航空団司令部、そして第3海兵水陸両用軍司令部が集結し、1969年に海軍省が企図したとおりの海兵空地任務部隊（MAGTF）ができあがった。兵力規模も、1975年には1万8000人、80年には2万人規模へと、予定どおりに増大した。[44]基地面積でみれば、1982年の段階で、沖縄の米軍基地の72％を海兵隊が占めるまでになった。以降、沖縄の米軍基地といえば、実質的には、海兵隊と空軍を指すことになる。

沖縄社会にも目を向けておこう。施政権返還後、公共事業予算の急増により建設業従業者数はそれまでの約4万人から、1970年代後半には約6万人に達した。[45]沖縄における軍用地料は、1971年度の約28億円から、返還後の72年度には約215億円へと跳ね上がった。その後も、1973年度に約221億円、74年度に約313億円と上昇を続けた。

沖縄住民の関心も、基地問題から経済へと、なかでも高い失業率の問題へと移り変わっていった。世論調査によれば、米軍基地を肯定的に捉える人は1975年には約26％だったが、77年には約34％へと上向いた。[46]沖縄社会には条件付きで基地を容認する保守勢力が伸長し、基地と共生するための社会的・政治的基盤が徐々に形成されていった。基地の周辺には「基地経済」が生じ、雇用が生まれ、道路や公共施設などの社会インフラの整備も進んだ。以降、基地は次第に一部の人々の意識のなかに溶け込んでいくのである。

第5章　在日国連軍の解体危機

　1960年代後半以降の国際環境の変化と米国の力の相対的低下は、米国をして対ソ・対中デタントへと向かわせた。それは、ニクソンが「平和の構造」と名付けたもの、すなわち米国の力の優位性を失うことなく、米国にとって持続可能な世界秩序を再構築しようとするものだった。その具体的政策の一つとして現れたのが、米中和解である。それは中ソ対立を利用し、互いを競わせ、揺さぶりをかけながら、米国の望む外交政策に中国を従わせようとする試みだった。

　本章でみていくのは、この1970年代、デタント期に訪れた在日国連軍基地の消滅危機である。1972年2月、ニクソンと毛沢東は北京で会談し、米中関係はそれまでの対立から和解へと転じた。その影響は休戦中の朝鮮戦争にも及んだ。米国と中国はともに朝鮮戦争の主要な当事者だったからである。米国は休戦後も国連軍と韓国軍を指揮下に置き、中国は朝鮮人民軍を指揮下に置いていた。その両者が和解したことにより、手始めに１９７３年11月に国連朝鮮統一復興委員会（ＵＮＣＵＲＫ）が解体された。[1]ＵＮＣＵＲＫとは、１９５０年10月に国連に設置された、朝鮮半島の平和統一と同地域における平和と安全の回復を目的とした協議を行う機関である。それが解体されたことで、今度は国連軍と日本に置かれたその後方基地（すなわち、在日国連軍基地）の存在にも疑義が呈されるようになった。

　本章でみていくように、キッシンジャー（Henry A. Kissinger）米国務長官は当初、国連軍の解体すら視野に入れていた。しかし、それは日本との関係においては朝鮮議事録の死文化という厄介な問題をはらんでいた。先の沖縄返還交渉でも難航した朝鮮議事録の問題を蒸し返すことは、さしものキッシンジャーにも躊躇《ちゅうちょ》があった。ほどなく米中間に秋風が吹き始め、国連軍の解体問題は立ち消えとなり、在日国連軍基地も維持されることになった。

　ただ、このとき在日国連軍基地を存続せしめた経緯については疑問が残る。というのも、それを実現するには、米国以外の国連軍参加国ならびに日本の協力が不可欠だったからである。１９７５年の時点で日本には11の在日国連軍基地があった。司令部が置かれたキャンプ座間、府中空軍施設、立川飛行場、横須賀海軍施設、横田飛行場、佐世保海軍施設、キャンプ朝霞、嘉手納飛行場、普天間飛行場、ホワイトビーチ、岩国飛行場である。米中和解後、それら基地の国際的な正当性は低下していた。かねてよりその存在に批判的だった東側諸国、なかでも中国や北朝鮮はそれを米軍撤退の好機とみていた。[2]

また、米国以外の参加国にとっても在日国連軍基地の維持は財政的な重荷だった。この時点で朝鮮戦争の休戦から20年余が経過しており、国内で日本への要員派遣の継続に関する合意を得るのは容易ではなかった。

では、かように政治的に困難な状況にあって米国はなぜ、いかにして在日国連軍基地を維持しようとしたのだろうか。この問いに答えることは第一に、これまで明らかでなかった米国の在日国連軍基地と朝鮮議事録の関係についての戦略を明らかにするものである。１９６０年の日米安保改定以降、在日国連軍は日米関係のもっとも繊細な問題の一つとなった。そのため、関連する史料の公開が進んでおらず、この問題は学術的にもほとんど手つかずとなっている。第二に、戦後日本の安全保障政策の重要な側面、すなわち極東地域に存在してきた事実上の多国間安全保障枠組みである国連軍への日本政府の関与の実態を浮かび上がらせるものである。

1　国連軍と朝鮮議事録

日本政府にだまっておけ

　はじめに第一の点について、在日国連軍の根拠条約と日米安保条約の関係をいま一度、確認しよう。国連軍としての米軍は、サンフランシスコ平和条約と吉田・アチソン交換公文、そして国連軍地位協定と不可分である。つまり、国連軍としての在日米軍は、日米安全保障条約によって規定されるわけではないので、日本の基地から行われる戦闘作戦行動は事前協議の対象外である。さて、ここで国連軍が解体されれば、国連軍地位協定とそれに紐づけられた吉田・アチソン交換公文も自動的に消滅する。そうなると朝鮮議事録もまた「失効」し、米国は朝鮮有事の際の在日米軍基地の自由使用の権利を手放すことになる。

　なお、国連軍地位協定は「すべての国際連合の軍隊は、すべての国際連合の軍隊が朝鮮から撤退していなければならない日の後90日以内に日本から撤退しなければならない」（第24条）としたうえで、「すべての国際連合の軍隊が第24条の規定に従って日本国から撤退しなければならない期日に終了する」（第25条）と定めている。つまり朝鮮議事録の効力を維持し、したがって吉田・アチソン交換公文、国連軍地位協定を維持し続けるには、日本と韓国に国連軍を駐留させておかねばならないということである。

沖縄返還交渉で棚上げされたはずの朝鮮議事録の有効性の問題が再びここで頭をもたげてくる。

1973年末以降、ニクソン政権は国連軍の解体と朝鮮議事録の問題についての検討を開始した。[3] その成果としてまとめられた1974年3月29日の方針（NSDM 251）では、国連軍解体後も日本政府から「秘密議事録の延長に明確な同意を取り付ける」こと、そして「国連軍の解体後、国連軍協定の下での第三国による在日駐留権の延長は認めない」との方針が示された（ただし、この二つはのちに撤回される）。[4]

もっとも、この決定をめぐっては国務省と国防総省、そして軍（統合参謀本部）とのあいだで意見が割れていた。国務省と国防総省は、日本に朝鮮議事録の延長を求めるべきではないと考えていた。なぜなら、朝鮮議事録の有効性にかかわらず、朝鮮有事の際に日本の基地から米軍が戦闘作戦行動をとることを日本は容認するはずだ、と考えていたからである。朝鮮議事録の有効性の問題を蒸し返すのは得策ではないというわけだ。

一方、統合参謀本部はそうした見立てを楽観的だとみていた。日本から行う戦闘作戦行動は、日米の相互信頼や暗黙の了解によってではなく、より明示的な取り決めによって担保されるべきだと考えていた。キッシンジャーは統合参謀本部の意見に与した。つまり、日本政府に対し明示的に朝鮮議事録の延長を求めることをニクソン大統領に進言したのである。

しかし、この決定は直ちに修正される。1974年4月、ラッシュ（Kenneth Rush）国務副長官（73年1月まで国防副長官を務めていた）が難色を示したからである。[5] ラッシュにとって、日本が沖縄の施政権返還交渉において朝鮮議事録の破棄にこだわっていたことが気がかりだった。実際、日本政府にとって、朝鮮議事録は成立当初から容認しがたく、米側の要求に不承不承ながら同意させられた不本意な取り決めだった。[6]

第3章でみた、佐藤・ニクソン共同声明（1969年11月）の「韓国条項」も、秘密文書としての朝鮮議事録を公表文書で上書きしようとする日本政府の強い意思の表れだった。繰り返せば、このとき日本政府は「韓国の安全は日本自身の安全にとって緊要である」がゆえに、朝鮮有事における米軍の出動に際しての事前協議に「前向きに、かつすみやかに」対応することを表明していた。もっとも、米国からすればこれは日本政府の一方的な意思表示に過ぎず、拘束力をもつものとは必ずしもみなされなかった。

そうした文脈を理解するラッシュは米国の提案、すなわち朝鮮議事録の延長を日本側が受け入れるはずがないとみていた。そこで彼は日本政府にこの問題を公式には提起せず、そのままにしておくべきだと主張した。キッシンジャーもそれに同意し、1974年7月29日、朝鮮議事録の継続を日本政府に提起することはないとする新たな方針（NSDM 262）が決定、ニクソン大統領の承認を得た。[7]

2　国連軍地位協定の失効危機

朝鮮戦争開始時、米国を除く15ヵ国が国連軍に参加していた。[8]　1975年の時点ではそのうち3ヵ国が韓国への部隊派遣を継続していた。なかでもタイは重要だった。なぜなら、タイは韓国にある国連軍司令部（龍山《ヨンサン》基地）のみならず日本の後方司令部（キャンプ座間）にも要員を派遣していたからである。具体的には将校4名と下士官4名を後方司令部へ、輸送機2機と将校17名、下士官8名を横田基地に派遣していた。[9]

タイ軍の撤退

1975年春以降、米国務省はソウルの国連軍司令部を一部の休戦維持機能を除いて縮小する方向に傾いていた。[10]　スナイダー（Richard L. Sneider）駐韓米大使もおおむねそれに同意していた。スナイダーは1960年の安保改定にも関与した「知日派」だった。沖縄返還交渉では駐日米大使館の首席公使として実務レベルの最高責任者を務め、その直後に駐韓米大

図５－１　国連軍後方司令部、横田基地　右が国連旗、2018年５月30日

使に転じていた。

彼は国連軍司令部付きの儀仗隊だけは維持しなければならないと考えていた。もちろん、儀仗隊は形式的な存在だった。にもかかわらず、儀仗隊が重視されたのはそこにタイ軍が参加していたからだった。彼は儀仗隊の解散がタイ軍の日本からの撤退の機運を高めてしまうのを避けたかった。そのため、本省に対し「〔すでに〕日本の後方司令部のプレゼンスは小さく、これ以上の変更を加えると基地の使用に支障をきたす恐れがある。儀仗隊は維持する」と伝えた。

1975年秋以降、スナイダーの不安は現実のものとなった。9月15日、タイのチャートチャーイ（Chartchai Chunhavan）外相は国連軍司令部の廃止が合意され次第、タイ軍を撤退させるとの意向を示した。[11] ただ、この時点では彼のいう「撤退」が在韓の部隊のみを指すのか、それとも在日の部隊を含むのかはわからなかった。タイ軍の撤退は国連軍と日本のあいだで締結している国連軍地位協定を失効させるリスクをはらんでいた。繰り返せば、同協定第25条は、すべての国連軍が日本から撤退したときに失効すると定めていたからである。

ここで重要なのは、在日米軍は同協定の対象ではないことである。国連軍地位協定がいうところの「すべての国連軍」とは、すなわち米国以外の参加国である。日本政府はこの時点でタイ軍を同協定の有効性を担保する唯一の国連軍とみなしており、したがって彼らの日本からの撤退は協定の失効を意味しえた。[12]

加えて先述のように同協定第24条は、在日国連軍は韓国から国連軍が撤退したあと、90日以内に日本から撤退しなければならないと規定していた。ソウルに儀仗隊を派遣しているタイ軍はその意味でも重要だった。この点、日本政府の立場は韓国に儀仗隊が残ってさえいれば国連軍地位協定は維持できる（すなわち、24条は発動されない）というものだった。儀仗隊の撤退により24条が作動し、そのことが25条事態をも引き起こし、結果として同協定が失効する。スナイダーが恐れたのはこのシナリオだった。彼は朝鮮議事録が日本の国内政治においていかにデリケートな問題であるかを熟知していたのである。

吉田・アチソン交換公文と国連軍地位協定

キッシンジャー国務長官はその先も見据えていた。国連軍地位協定の終了が吉田・アチソン交換公文（1951年9月8日）の効力をも停止させる事態である。[13] 吉田・アチソン交換公文は国連加盟国が極東における国連の行動に参加する際に、日本がそれを「日本国内およびその附近において支持する」ことを約束していた。キッシンジャーはこれを端的に、「朝鮮有事において韓国を防衛する第三国の国連軍に対し、日本においてさまざまな基地権(Base Rights）を与え[14]」るものと解釈していた。それゆえ、国連軍地位協定の終了は吉田・

アチソン交換公文によって保障された第三国の在日基地権を喪失させるものと捉えられたのである。

第３章でみたように、吉田・アチソン交換公文は１９６０年の安保改定時に改定され（吉田・アチソン交換公文等に関する交換公文）、国連軍地位協定の終了と同時に効力を失うことが確認されていた。換言すれば、米国以外の国連軍が韓国と日本に駐留する限り、同交換公文の有効性は保障されるということである。タイ軍が日本に駐留しなければならないとキッシンジャーが考えるのはそのためだった。彼はこの問題の影響の大きさに鑑みてバンコクの米大使館ではこの件を扱わないこと、そしてタイ政府から何らかの問い合わせがあった際は国連軍司令部から部隊を撤退させる手続きが存在しないと回答し、時間を稼ぐよう指示した。

ところが１９７６年３月２日、タイ政府は在日国連軍基地に展開する空軍を撤退させることを正式に決定し、米国に通知した。[15] 米側は慰留したが、タイ側はすでに決定された事項であるとにべもなかった。米側は撤退の対象が横田の分遣隊のみなのか、それとも後方司令部（キャンプ座間）の連絡部隊も含まれるのかと質した。もしそれが分遣隊に限られるのであれば国連軍地位協定は維持される可能性があったからである。しかし、タイ側から明確な回答はなかった。

危機回避——英軍の派遣

タイ軍が日本に駐留を始めたのは、1951年6月のことである。[16] しかし、タイが国連軍としての暫定的地位を認められたのは1952年4月28日だ。したがって、約10ヵ月間、彼らは根拠条約がないまま日本に駐留していたことになる。日本政府の説明によればこのあいだは主権回復の移行期にあたり、タイ軍は占領軍たる米軍の方針に基づいて駐留していた。いずれにせよ、彼らは1976年時点で25年もの長きにわたり日本に留まっていたのである。

タイが撤退を決めた理由は、国防予算の逼迫だった。そのため、撤退のイニシアティブも外務省ではなく国防省がとっていた。[17] 撤退予定日は1976年7月26日だった。米政府はタイのセーニー（Seenii Praamoot）次期政権がこの決定を覆す可能性は低いとみていた。そのため、至急タイに代わり日本に部隊を派遣する国を見つけなければならなかった。4月21日、米国はカナダに対し非公式に部隊派遣に関する意向を確認した。[18] カナダは財政難を理由に消極的な態度をみせた。しかし、米側はそれをたんに実務の負担を嫌ったものと解釈し、オタワの米大使館をつうじて加政府に正式に部隊派遣を要請することを決めた。[19] その際、キッシンジャーは非公式ルートをつうじて米国が財政支援を含むあらゆる支援を行う用意がある旨、加政府に伝えるよう大使館に指示した。[20]

他の参加国もタイ軍の撤退については気がかりだった。1976年7月15日、豪政府は米国に対し豪軍がタイ軍に代替することにどのような意義があるのかを問い合わせた。[21] それに対し、ハメル（Arthur W. Hummel Jr.）国務次官補（東アジア・太平洋担当）は、国連軍地位協定は国連軍に対する多国間イメージの象徴であり、また朝鮮有事における作戦行動上、重要なメリットがあると伝えた。さらに、もし豪軍を日本に派遣すれば国連における豪州の立場はいっそう強化されると水を向けた。

直後の７月20日、英政府が要員を後方司令部に派遣することを決定した。しかし、この時点でタイ軍の撤退期限まで１週間を切っており、要員と物資を英国から空輸する余裕はなかった。そこで英国防省は香港に駐在していた上級下士官１名とその他のスタッフ１名を急遽《きゅうきょ》、キャンプ座間に移動させることを決めた。[22] タイ軍の撤退と英軍本隊の到着のあいだに空白期間を生まないための措置だった。

米国務省は英国の決定を歓迎し、必要な経費を負担する用意があると伝えた。[23] 英軍の香港からの移動は国連軍司令部が全面的に支援した。具体的には、米太平洋軍が空輸計画を準備し、７月23日に香港から日本への部隊の移動が行われた。米国務省はこの件を一切公表しないことを決め、英側にもその旨を伝えた。万が一、メディアから問い合わせがあった場合には、英軍は朝鮮戦争以来一貫して国連軍司令部に参加しており、２名が日本の後方司令部に派遣されていると回答するよう伝えた。

3　露呈する脆弱性

日本の立場——重要だが、内密に

ここで、日本国内に目を向けてみよう。この時期、野党を中心とする北朝鮮支持派はUNCURK解体の次なる目標として、国連軍の解体に狙いを定めていた。新聞各紙も連日、1975年内に開催が予定される国連総会において国連軍司令部の解体が決議されるだろうとの見方を報じた[24]。国会では休戦協定に代わる代替措置のあり方、そして後方司令部の存続をめぐって論争が行われていた。

野党は国連軍司令部が解体されれば休戦協定（国連軍司令官、朝鮮人民軍最高司令官、中国人民志願軍司令の三者が調印）の当事者である国連軍司令官の存在が消滅することから、休戦協定は自然と効力を失うと主張した[25]。対する政府は朝鮮半島における秩序の安定性の観点から国連軍司令部と休戦協定（ないしそれに代わる代替協定）の維持を主張した。もちろん、こうした議論は米側にも伝わっていた。1975年7月1日、ホジソン（James D. Hodgson）駐日米大使は日本の状況を次のようにワシントンに伝えた[26]。

在韓米軍につけられている国連のラベルを廃止すれば、国会において野党の質問を誘発し、日本政府が公に〔米国を〕支持する立場を打ち出すのを難しくさせるかもしれない。

タイ軍の撤退を目前に控えた7月17日、シャン（Mick Shann）駐日豪大使は日本の外務省を訪れ、豪軍の後方司令部への派遣可能性について意見交換を行った。このとき宮澤喜一外相は豪軍の派遣を大いに歓迎すると述べた[27]。宮澤は国連軍地位協定が維持されることは朝鮮有事において重要な意義をもっており、そのような利点を法的に危険にさらしてはならないと伝えた。そのうえで、彼は日本の野党も国連軍地位協定が継続することについては問題視しないだろうとの見方を示した。そして仮に豪軍が後方司令部に参加するにしても、その事実は公にされるべきではないと述べた。

シャンは早速、シュースミス（Thomas P. Shoesmith）駐日首席公使に伝えた。その際、シャンはかような宮澤の見解については内密にしてほしいと付言した。それを受けたシュースミスは本省に対し、日本政府の高官が国連軍地位協定の継続と第三国の日本駐留に利益を見出していることを伝え、そのことが参加国との交渉において有利に働くとの見方を示した。

日本政府はこの時期、国連軍地位協定の維持を日本の安全保障にとって明白な利益とみなしていた。しかしながら、第三国に対して積極的に後方司令部への参加を促すような動きはみせなかった。ここに、この問題に対する日本政府の微妙な立場をみてとれる。ホジソンに代わり、新たに駐日米大使となったマンスフィールド（Michael Mansfield）はこの点、次のように分析している。いわく、日本政府は野党を刺激しかねない国連軍地位協定を維持するために積極的に動くよりも、後方司令部が存続することの結果として、国連軍地位協定が維持されることに合理性を見出している。[28]

スナイダーの見方も同様だった。彼は「この問題における日本政府の主な関心は、日本が韓国防衛を支援するという問題についての政治的紛争をできるだけ避け、それが本当に必要となる時まで政治的資源を蓄えておくことにある[29]」とみていた。

各国政府の思惑が交叉するなか、1975年8月に開かれた日米首脳会談では、「韓国の安全が朝鮮半島における平和の維持にとり緊要であり、また、朝鮮半島における平和の維持は日本を含む東アジアにおける平和と安全にとり必要[30]」とする「共同新聞発表」が行われた。このとき用いられた「東アジアにおける平和と安全」の表現は「韓国条項」（1969年11月）よりも一歩踏み込んだものと理解された。実際、韓国外交部はこれをもって朝鮮有事における「在日米軍基地のわが国への発進基地としての役割が約束された[31]」と受け止めた。

一方、国連軍司令部の解体問題は1975年中の第30次国連総会において韓国支持派と北朝鮮支持派が真っ向からぶつかる事態に発展していた。じつはこのとき双方とも国連軍司令部の解体を提起していた。しかし、韓国を支持する西側諸国が提出した決議案は司令部解体の条件として、停戦協定を維持するための対案を求めていた。むろん、中国側がそうした対案に同意しないことは織り込み済みだった。したがって、この段階ですでに米国は国連軍司令部の存続を決断していたことになる。

他方、北朝鮮を支持する諸国が提出した決議案は国連軍司令部の無条件解体と米朝平和協定の締結を求めていた。結局、1975年11月18日の国連総会において両決議案が同時に可決された。相異なる二つの決議案が可決されたことで、いずれの決議案も実行されないこととなった。国連軍司令部が継続し、その結果として国連軍地位協定が効力を維持するという日本政府の描いたシナリオどおりだった。

米豪の秘密了解

日本の後方司令部では1976年7月以降、タイ軍から英軍へと要員が交代していた。ところがその翌年、再び危機に見舞われる。1977年6月10日、英国防省が財政の逼迫を理由に日本から将校を引き揚げる意向を示したのである。[32] 英政府はこの問題について非公式的な謝意の表明以外に日本政府からも韓国政府からも何ら働きかけがないことに不満をもっていた。英軍の撤退問題に直面したロンドンの米大使館は、カナダと豪州を含めた英連邦諸国がローテーションで後方司令部に駐留する計画の検討を始めた。

米国は、とくにカナダがそこに参加すべきだと考えていた。というのも、カナダは国連軍地位協定を根拠に過去に何度も日本国内を軍用機で移動するなど、同協定の恩恵に浴していると考えられたからである。

その矢先の1977年7月16日、英国は一転して新たな将校を8月10日から6ヵ月間、日本に派遣する旨、後方司令部に通知した。英側からはこのとき課題だったはずの予算の問題については言及がなかった。スナイダー駐韓米大使は、「この先、半年はこの問題に悩まされずに済むが、やがて再燃するだろう」と先行きを案じた[33]。そこで、彼は在京の豪大使館とのあいだで先にみたローテーションに関する非公式の協議を開始した。

しかし、豪大使館はそれには消極的だった。理由は二つあった。第一に、在京の豪軍武官が「二重認定」を受けられないという問題があった。二重認定とは、同一の要員が大使館付きの武官と国連軍司令部要員を兼務することだが、日本政府はそれを拒んでいた。第二に、豪州としては豪軍ではなく加軍が要員を派遣すべきだと考えていた。豪政府の目にカナダは明らかな「フリーライダー」と映っていた[34]。

1977年8月5日、豪政府から日本への要員派遣について否定的な回答があった[35]。知らせを受けたロンドンの米大使館は、参加国がこのように非協力的な状況では英軍を引き続き日本に派遣するのは困難であると本省に伝えた。

そのようななか、9月に入ると東京の米大使館から新たなアイデアがもたらされた。それは米豪の秘密了解（confidential US-Australia Understanding）の下、日本で語学研修を受ける予定の豪軍将校を国連軍後方司令部に配属するというものだった。[36] 在京の米大使館と豪大使館はこのアイデアについて密かに協議を重ねていた。豪側がこの案に前向きだったことからスナイダー駐韓米大使もそれを支持した。スナイダーは日本の外務省としては後方司令部に派遣された将校が勤務時間をどのように過ごしているかを知らされない限り――実際には勤務の大半を語学研修に費やしていたとしても――、この案に満足するだろうとの見方をヴァンス国務長官に伝えた。

年が明けて1978年1月25日、米政府はキャンベラの米大使館をつうじて豪外務貿易省と非公式に接触した。[37] このとき先にみた米豪の秘密了解について米側から具体的な提案はなかった。しかし、米側は豪側が態度を軟化させていることを感じ取っていた。実際、豪政府は日本への要員派遣に要するコストはわずかであること、そして国連軍地位協定が維持されることとの安全保障上の利益が莫大であることを理解するようになっていた。[38] 豪側の派遣決定が近いと判断したスナイダーは韓国外交部に対し豪政府を後押しするよう要請した。[39]

ところが、1978年2月下旬になっても状況は変わらなかった。実際、豪政府内部ではまだ意見が割れていた。[40] 国防省は派遣に賛成だったが、外務貿易省は態度を決めきれていなかった。外務貿易省内には明確にそれに反対するグループもいた。彼らは、米国以外の第三国が日本に駐留しなければ国連軍地位協定は失効するという日本側の解釈に懐疑的だった。また、そもそも米国がなぜ在日国連軍基地の存続にこだわるのか、十分に理解しているともいいがたかった。この問題に対する日本政府の立場がはっきりしないことも不満だった。

この点、駐日米大使館はヴァンスに宛てたメモのなかで「〔日本政府は〕国連軍司令部の問題で事を荒立てることを望んでおらず、国会でこの問題が取り沙汰された際に自分たちが弱い立場に置かれる状況を避けたいと考えている」[41] と分析していた。そうした状況を踏まえ、米国務省は豪州政府に対し公式に協力を要請する必要があると判断するようになっていた。

英連邦諸国の足並みが揃わないなか、米側によるかねての要請にフィリピン政府が応えた。1978年2月15日、比軍から国連軍司令部に、3月1日に1名の将校を日本に派遣する予定との連絡が入ったのである。[42] 米国にとってそれは国連軍の多国間イメージを演出するうえで渡りに船だった。タイの撤退以降、日本には東南アジア諸国の部隊が派遣されていなかったからである。フィリピンの決定に米国は感謝の意を示した。

他方、それと並行して英連邦諸国によるローテーションの実現に向けた協議を継続することも確認した。[43]そのため、比軍の日本派遣問題は比政府と日本政府の二国間協議のなかで取り扱うこととし、米政府は関与を最小限にとどめることを決めた。この問題が豪政府の意思決定にネガティブな影響を与えるのを避けるためだった。

4　二重帽子

ローテーション協議の開始

1978年2月2日、ヴァンス国務長官はソウルの米大使館に対しローテーション問題について韓国政府と直接、協議を行うよう指示した。[44]彼は国連軍地位協定を維持するためのコストは、それを失効させることで生じる朝鮮半島での悪影響に比べればわずかであるとして、交渉で次の点を強調するよう伝えた。第一に、国連軍地位協定は国連軍の多国間イメージ、ならびに韓国防衛に対するコミットメントの象徴である。第二に、国連軍地位協定は締約国の軍人、船舶、航空機の日本への出入国について特権を与えている。そして第三に、国連軍地位協定は日本からすべての国連軍が撤退するときに失効する。

繰り返せば、在日米軍は国連軍地位協定の対象ではないため、協定を維持するには米国以外の参加国から要員が日本に派遣されていなければならなかった。しかしながら、参加国のあいだではこの点が十分に理解されていないようだった。ヴァンスはそれに加えて、東京の米大使館に対してもある指示を出した。それは国連軍地位協定が日本にとっても不可欠である理由を示すことだった。

大使館からの回答は即日届けられた。[45] いわく、日本の外務省は日本の安全保障にとって死活的な利益を有している韓国防衛のために国連ないし多国間の安全保障枠組みを維持することを希望している。そうした枠組みは日本政府にとっては政治的に都合がよい。なぜなら、それがあることで日本国内において米軍基地の役割を国民に説明しやすくなるからである。

日本政府の立場

1978年3月7日、日本の外務省は豪軍将校を後方司令部に非常勤的に配属することを容認すると米国に伝えた。[46] ただし、当該将校は正式に後方司令部要員として任命されていなければならないと念を押した。外務省の整理によれば、大使館付きの駐在武官はあくまでも外交官であり国連軍地位協定の対象外だった。したがって、駐在武官が後方司令部要員を兼務することは認められない。しかしながら、後方司令部に正式に配属されている要員であれば実質的には国連軍以外の活動、たとえば米軍との訓練や語学研修に参加することは可能である。後方司令部要員と語学研修生との「二重帽子（Dual-Hatted Assignment）」は容認可能。これが外務省の結論だった。

以降、参加国はこの新たなアイデア——ローテーションと二重帽子——を前提に要員派遣について検討を重ねていく。たとえば、加政府は次のような案を検討した。[47] まず加軍の将校を2年間、後方司令部に配属する。ただし、その実態は当該将校を将来的に駐在武官とするために日本語研修を受けさせるというものである。当該将校は2年間の研修後、大使館に勤務し、その後新たな将校が日本で語学研修を開始し、表向きには後方司令部の加代表としての任務に就く。形式と実質の分離である。このようなアイデアは米国に好意的に受け止められた。米国はこの問題の本質がカナダの内政問題にあることに配慮しつつ、検討されているアイデアが国連軍地位協定の失効を回避し、北朝鮮に誤ったメッセージを送ることを避けるうえで有用であるとの見方を加政府に伝えた。

1978年7月、それまで後方司令部に配属されていた英軍将校が予定どおり離任した。それに伴い、国連軍地位協定は新たに着任していた比軍の要員によってのみ根拠づけられることとなった。このような事態にスナイダーは、「不測の事態に備え、もう少し余裕（margin）があれば安心だ」[48]と漏らした。8月17日、マンスフィールドはメナデュー（John Laurence Menadue）駐日豪大使と会談し、豪軍の派遣可能性について協議した。このときマンスフィールドは参加国の派遣を維持するには、より制度的で予測可能なシステムを構築しなければならないとの意を強くしていた。[49]

横浜の日本語研修所

マンスフィールドは具体案を示した。それは横浜にある米国務省の日本語研修所（Foreign Service Institute：ＦＳＩ）の活用だった。

ＦＳＩ横浜は米国務省の外交官、並びに米軍の地域担当専門官等の政府職員が日本での職務の遂行に必要な日本語及び政治・経済、軍事、文化等の理解を目的に研修を行う米政府の施設である。彼の案はＦＳＩ横浜で語学研修を受けている将校を形式上、後方司令部に派遣するというものだった。実際、それまでも豪軍の将校がＦＳＩ横浜で研修を受けたことがあった。[50] マンスフィールドはそうしたやり方について日本側は反対しないとみていた。そのことを前提に彼はカナダ、イギリス、ニュージーランドを含めた「英連邦ローテーション」の可能性についても言及した。

メナデューはこの提案に反応しなかった。というのも、豪政府内部ではまだこの問題について意見の一致をみていなかったからである。メナデューによれば、豪国防省は地位協定の維持に利益を見出していたが、外務貿易省は北朝鮮との関係性の悪化を懸念し、慎重な姿勢を崩していなかった。他方で、メナデュー自身は個人の立場として豪軍の日本派遣を支持していた。そこで彼は米政府が直接、豪政府に働きかけてはどうかと提案した。彼は豪政府の曖昧な態度の一因に米国がこの問題で明確なイニシアティブをとっているようにみえないことがあると考えていた。[51]

いずれにせよ、このときマンスフィールドが示した二つの案、すなわちＦＳＩ横浜の活用と英連邦ローテーションはのちに重要な意味をもってくる。とりわけ、ローテーション制については参加国の費用負担を軽減し、かつ国連軍としての多国間枠組みを維持するものとして米政府内では高い評価を得ていた。[52] マンスフィールドとメナデューのやり取りは即日、本省に伝えられ、翌日にはヴァンスから米国連代表部へ、そして10日後には太平洋軍司令官へと送られた。[53] この問題が米国の政策決定者のあいだで重大な関心事だったことがみてとれる。

5　在日国連軍基地とは何か

豪政府の逡巡

豪側の回答は１９７８年９月１日に届いた。[54] それによれば、豪州はＦＳＩの活用とローテーション制を前提に要員派遣に関する交渉のテーブルにつくとのことだった。豪州が気にしていたのは他の英連邦諸国の反応だった。というのも、豪政府はこの間のやり取りをつうじてカナダとニュージーランドがこの問題に熱心でないことを知っていたからである。また、英国も財政上の理由から必ずしも乗り気でないようにみえた。この点、キャンベラの米大使館のアルストン（Philip Henry Alston Jr.）特命全権大使はフェルナンデス（Roy Fernandez）豪外務貿易省・外務次官に対し、英側の関心は英連邦諸国による負担の分担にあり、英国自身の財政問題は二次的なものであること、そして英国は将来的に後方司令部に復帰するとの見方を伝えた。

　米豪協議はその後も続いた。それとは別に、豪州は他の英連邦諸国（ニュージーランド、英国、カナダ）ともローテーション制について話し合った。しかし、豪州としては彼らが将来にわたってこの問題に協力するとの確信をもてずにいた。[55] 加えて、日本への要員派遣が北朝鮮との関係を悪化させるのではないかとの懸念もあった。そのため、この問題は閣議で2度検討に付されたものの決定は保留された。比軍から派遣されている要員の任期切れは半年後（1979年3月15日）に迫っていた。1978年12月の時点では、比政府が後任を充てるつもりなのかどうか、米側に情報は入っていなかった。[56]

　マンスフィールドは焦《じ》れていた。英連邦諸国は政府レベルでは一様に態度を決めかねていたが、在京のカナダ、英国、ニュージーランドの外交官はローテーション案を支持していたからである。[57] １９７９年１月17日、マンスフィールドは本省に対し、政府はより積極的に英連邦諸国に働きかけるべきだと伝えた。これを受けて、ヴァンス国務長官はオタワ、ウェリントン、ロンドンの米大使館に対しいま一度、各国政府にローテーションへの参加を促すよう指示した。[58] その際、交渉の梃子《てこ》としてＦＳＩ横浜を用いること（すなわち、二重帽子）がもっとも有効であるとし、国連軍地位協定の重要性として次の２点を挙げるよう指示した。

第一に、国連軍地位協定は朝鮮有事において日本から行われる米国と参加国による支援任務に法的根拠を与えるものである。第二に、それは平時において参加国の兵員、船舶、航空機が日本に出入国するうえでの便利な特権（convenient privileges）を与えるものである。そしてこの二つの利益を維持するために支払う政治的コストは、地位協定を失効させることで生じるそれに比べれば微々たるものである。

ところが１９７９年２月に入ると、比側から要員派遣を79年12月まで延長するとの連絡が入った。[59] これにより地位協定の失効問題は一刻を争うものではなくなった。とはいえ、先のことを考えれば英連邦諸国の認識の不一致は早晩、解消しておかなければならなかった。英国はヴァンスが示した国連軍地位協定の意義について完全に同意しつつも、要員の派遣については見通しを立てられずにいた。[60] 英国は直近の２年間、日本に将校を派遣していた。また、英政府にとっては当時、独立問題に揺れていたナミビアへの部隊派遣のほうが優先順位は高かった。そうでなくとも英政府としては3ないし4ヵ国が4年に1回のペースでそれぞれ1年間の任務に就くローテーション制を提案していた。それを前提とすれば、次は英国以外の国が当番になるべきだった。

米国とニュージーランドの交渉には進展があった。ニュージーランド政府は1980年以降、1名の将校を日本に派遣する可能性について検討を始めていた。しかしながら、ニュージーランド側はヴァンスが指摘した二つの利益に必ずしも納得していなかった。そこで、セルデン（Armistead Inge Selden Jr.）在ニュージーランド米大使は2月13日、ヴァンスに追加で次の2点、すなわち、①国連軍地位協定がもたらす「便利な特権」の中身とは何か、②第三国軍が存在しなくても国連軍地位協定は失効しないとの見方にどのように反論するか、についてで回答を求めた。[61]

政治的・戦略的重要性

回答は1979年2月23日に届けられた。ただし、それはヴァンスからではなくマンスフィールドから送られた。[62] なお、同公電はブラウン（Harold Brown）国防長官、米国連代表部、太平洋軍司令部、そして国連軍参加国の米大使館にも共有されている。

マンスフィールドはまず国連軍地位協定の「特権」について、従来の説明どおり国連軍が日本国内で自由に軍用機、船舶、人員、物資を移動させ、かつ自由に日本に出入国し日本の米軍基地ネットワーク、訓練区域、後方支援などを利用できることを挙げた。加えて、後方司令部に将校を派遣することで沖縄の米海兵隊、在韓国連軍司令部、米第７艦隊等を訪問する機会に恵まれることも利点だとした。地位協定が失効する条件についてはそれが曖昧であることを認めたうえで、次のように述べた。

仮に国連軍地位協定が存在しなくとも、朝鮮半島有事において日本側の協力は制限されないとの見方は確かにある。しかし、重要なポイントは、〔国連軍地位協定があることによって生じる〕領土と主権の問題を有する日本が、自らこの協定の継続を必要かつ望ましいと考えていることである。

マンスフィールドは何よりも日本が国連軍地位協定の存続を求めている事実を重くみていた。国連軍地位協定は日本にとって政治的に重要であるがゆえに米国及び参加国にとっても重要だとの見方である。後方司令部に安定的に要員を派遣できるかどうかも、ひとえに日本政府の協力に依存する問題だと考えていた。実際、日本は今回も「二重帽子」を容認し、参加国による安定的な要員派遣を可能にするローテーション制を側面から支援していた。

マンスフィールドは日本の立場を次のように代弁した。「日本政府からみたときの国連軍地位協定の最大の価値とは米国と同盟国が韓国防衛のために日本の基地から行動（Actions）をとる際の法的根拠になる」ことである。朝鮮有事の際、米軍は国連軍地位協定がなくとも日米安保条約によってその行動が認められる。しかし、同盟国（参加国）の軍隊はそうではない。いかに日本政府が協力したいと考えたとしてもそれを可能にする法的根拠が存在しない。それゆえ彼はこう述べた。

> われわれは国連軍地位協定を同盟国と協調して行動するための法的な隠れ蓑（cloak）とみなしている。〔中略〕新たに朝鮮半島で衝突が起き米軍基地の使用が必要になる際、どのような状況であれ日本政府は野党と戦わなければならなくなるだろう。しかしながら、国連軍地位協定が機能していれば、米国と同盟国の迅速な行動を許与するための困難は軽減されるはずである。[63]〔傍点筆者〕

このときマンスフィールドは日米安保条約に基づいて行われる米軍単独の作戦行動でさえ、日本側にそれを「通知するのか、それとも事前協議を行うのかという問題は、およそアカデミックなもの」[64]と考えていた。朝鮮議事録に関する机上の解釈がどうであれ、有事に米軍が日本の基地からどう動くかは最終的には両国の信頼関係のなかで決せられるということである。そうであるがゆえに、このときニュージーランドや豪州が解釈していたような国連軍の広範な権利についても、それをみだりに主張することは日本政府の国内的な立場を危うくし、ひるがえって米国と同盟国の安全保障に不利益をもたらすと判断していたのである。

隠れ蓑としての国連軍

ここまでみたように、米中和解は在日国連軍基地の存続を危うくするどころか、それを長期に持続させる転機となった可能性がある。少なくとも、基地の正当性の揺らぎが米国をして多国間制度としての国連軍の安定性を高める方向に向かわしめたことは疑いがない。このとき米国、参加国、そして日本にとっての最大の論点は国連軍地位協定の意義とその解釈だった。国務省はそれを朝鮮有事における米軍の行動を確かなものにし、平時から国連軍に様々な権利を付与し、かつ米国以外の参加国が日本の基地を使用するための法的な「隠れ蓑」と位置づけていた。

日本政府もそのことを十分に理解していた。だからこそ、この問題を日本国内で政治化させないよう慎重に、かつ目立たない形で対処しようとした。在日国連軍の問題は日米安保条約（朝鮮議事録）、日米地位協定、そして吉田・アチソン交換公文等、戦後日本の安全保障政策の繊細な根幹と地続きだった。日米の政策決定者の誰もがあえてそこに触れたいとは考えなかった。

しかるに、在日国連軍基地の維持に関する日米の思惑は基本的に一致していた。米国政府は本来、参加国が負担すべき在日国連軍の必要経費の一部を肩代わりし、それまで暫定的であった後方司令部への要員派遣にローテーション制を導入しようとした。日本政府はＦＳＩ横浜にて語学研修生と国連軍将校を兼任させる新たな運用を容認した。それらは紛れもなく、米国以外の第三国を在日国連軍の枠組みに留め置くためのインセンティブだった。

惜しむらくは、参加国がこうしたインセンティブに最終的にいかに反応したかについて一次史料が沈黙していることである。このとき米国と参加国のあいだでどのような決着が図られたのか、公開されている史料からは知ることができない。とはいえ、いくつかの状況証拠から米国の基本的な考え方が受け入れられ、国連軍としての何らかの合意が形成された可能性が示唆される。

実際、本章が扱った時期から間もない１９８５年６月の時点で、日本には連絡将校を含め34名の国連軍要員が派遣されていた。[65] 要員の派遣はその後も途切れることなく、２０２３年時点で後方司令部（横田飛行場）に豪軍将校他３名が常駐し、英連邦諸国を中心に計９ヵ国

（豪州、英国、カナダ、ニュージーランド、フランス、イタリア、トルコ、フィリピン、タイ）の武官が連絡将校として在京大使館に駐在しているとされる。[66]

こうした国連軍の存在は次章以降でみていくように、今も国連軍地位協定と吉田・アチソン交換公文の有効性を担保し、在日国連軍基地をハブとした近年の多国間安全保障協力の基礎となっている。たとえば２０１８年以降、国連軍は日本周辺海域において北朝鮮による「瀬取り」等に対する警戒監視活動を活発化させている。[67] 沖縄では２０１８年以降、英国、豪州、フランス、ニュージーランド、カナダが国連軍基地である普天間及び嘉手納飛行場を計23回使用した。[68] ２０２１年９月には、英海軍のクイーン・エリザベスを旗艦とする空母打撃群が国連軍基地である横須賀海軍施設、佐世保基地、沖縄ホワイトビーチ地区に寄港した。[69]

これらの事実に鑑みれば、本章でみた在日国連軍基地の存続をめぐる政治過程は、同基地が極東において事実上の多国間安全保障枠組みを起動させる装置としての安定性を獲得していく重要な局面だったといえよう。

第6章　普天間と辺野古――二つの仮説

　1990年代以降の日本の基地をめぐる政治は、沖縄を中心に展開する。キーワードは、普天間と辺野古《へのこ》であり、この二つの地をめぐる政治の混乱は今日まで続く。

　背景にあったのは、冷戦の終結である。1989年から91年にかけて、戦後日本の安全保障政策を規定していた米ソの冷戦構造が消失した。それにより、米国は世界レベルでの米軍の再編・縮小に着手し、在日米軍基地の存在根拠も揺らいだ。日米両政府は、新たな世界に対応すべくそれまでの関係を更新、あるいは再定義しようとした。その最中に起きたのが、沖縄での凄惨な少女暴行事件だった。人々の怒りは頂点に達し、大田昌秀《おおたまさひで》知事は米軍用地の提供に必要な「代理署名」を拒否した。沖縄の基地問題は、いよいよ混迷のときを迎える。

　普天間基地返還合意（1996年4月）はこうした文脈において生じたものである。以降、普天間の移設政策は細部についての修正を繰り返す。しかし、移設先そのものに変更はない。

沖縄県北部の名護市辺野古沖合。これが普天間の移設先である。しかし、合意から27年経った今も、辺野古の基地は完成の目処が立っていない。

普天間返還をめぐる諸問題については、すでに多くの優れた研究や著作が発表されている。[1]幸いにして当時を知る政治家や政府関係者の証言にも恵まれている。[2]しかしながら、いまだ多くの謎が残る。なかでも、日米交渉の核心部分はベールに包まれたままである。なぜ、普天間の移設先は辺野古だったのか。辺野古以外にも、日本本土を含め、複数の候補地があったことが知られている。しかし、米国が同意するのはきまって辺野古だった。米国には辺野古でなければならない理由があったのか。

2009年に誕生した民主党・鳩山政権の「迷走」も学術的に検討してみる価値がある。日本政府が検討した、普天間の国外・県外移設はなぜ実現に至らなかったのか。とりわけ、国外への移設を断念せざるをえなかった理由は何なのか。じつは、この問いは本書のテーマとも密接な関係にある。普天間基地は、国連軍基地だからである。鳩山政権は、普天間基地がもつ国連軍としての「顔」とどう向き合ったのだろうか。この点を検討した研究はない。

この章では、①移設先はなぜ辺野古だったのか、②なぜ県外・国外移設は頓挫したのか、の二つの問いに対して、暫定的な仮説を示したい。むろん史料上の制約があり、仮説の考察は傍証的にならざるをえない。1990年代以降の米国の外交資料は公開が進んでいないからである。しかしながら、ここで行う試論は、従来の普天間移設問題についてのイメージに再検討を迫るものであるばかりか、現在まで続くこの問題の評価に新たな判断材料を供するものである。

1　平和の〈未〉配当

冷戦の終結と海外基地

1989年12月、ブッシュ（George H. W. Bush）大統領とソ連のゴルバチョフ（Mikhail Gorbachev）書記長は、冷戦の終焉を宣言した。それに伴い、米国はそれまでの対ソ「封じ込め」に代わり、地域紛争を抑止するための「新国防戦略」を打ち出した。[3]

戦略の中身は、同盟体制の強化、前方展開している米軍の機動力の維持、そして米軍兵力の削減だった。巨額の財政赤字に直面する米国にとって、海外基地及び兵力の削減は不可避だった。沖縄でも1990年6月に、北部訓練場や嘉手納弾薬庫の一部が返還され、92年5月にはキャンプ・ハンセンの都市型訓練施設の撤去や北部訓練場の一部返還が新たに合意された。

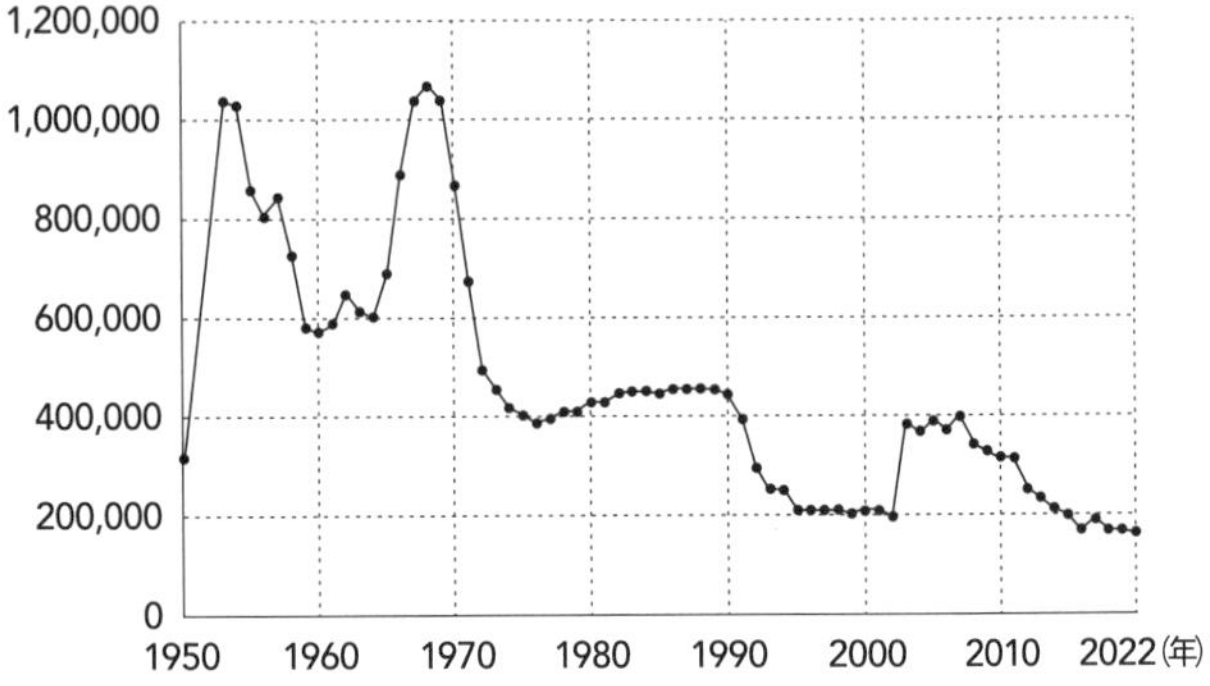

図6－1　海外に展開する米軍の人員数　1950-2022年

ところが、そうした米軍の削減トレンドも長くは続かなかった。1993年3月、朝鮮民主主義人民共和国（北朝鮮）が、核兵器不拡散条約（NPT）からの脱退を宣言し、5月にはノドン・ミサイルの試射を行った。北朝鮮の「核危機」である。

その直前の1月に発足していた、クリントン（Bill Clinton）政権は、前政権が着手していた海外展開兵力の削減に待ったをかけ、1993年9月に国防計画を見直す（「ボトムアップ・レビュー」）。これは世界で同時に起こる二つの地域紛争に対処可能な前方展開兵力を維持することを目的としていた。主眼は、欧州とアジア・太平洋地域に、それぞれ約10万人、計20万人の前方展開兵力を維持することだった。

図6－1は、米国防総省が公表している米軍の海外展開人員数である。そこからわかるように、冷戦終結の直前に40万ほどいた兵員は、1990年代中頃まで

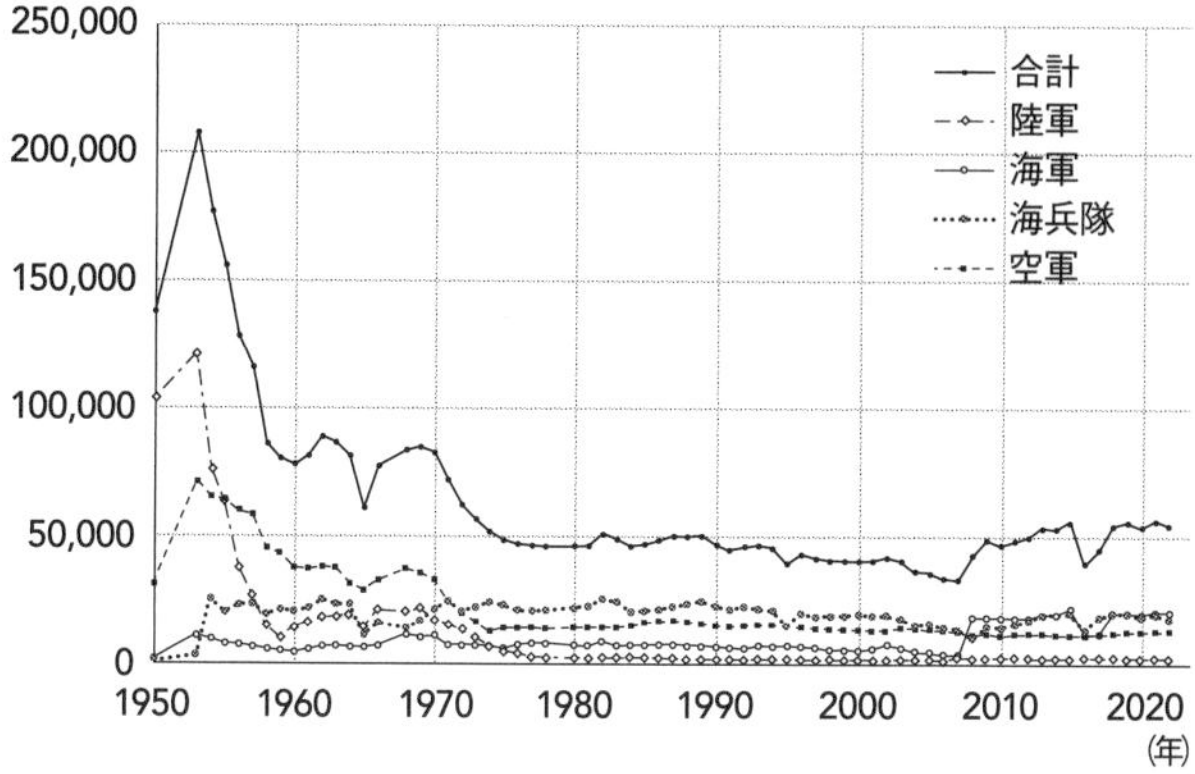

図6－2　**在日米軍の人員数**　1950-2022年

に約20万にまで減じられた。その傾向は、2001年の9・11テロとその後の対テロ戦争まで維持されている。

重要な点は、米軍の世界レベルでの削減は、主として欧州にて生じたものだということである。実際、1995年2月に国防総省はナイ（Joseph Samuel Nye Jr.）国防次官補を中心に「東アジア戦略報告書」（ナイ・レポート）をまとめ、東アジア地域に米軍10万人を展開させる意向を示した。[4] 図6－2の在日米軍の兵員数の推移から、冷戦終結後もその数がほとんど変化していないことがわかる。それどころか、ベトナム戦争が終結した1970年代前半以降、一貫して約5万人の規模を維持していることがみてとれる。

冷戦の終結は日本、そしてとりわけ沖縄の米軍兵力数を縮減させるものではなかったのである。

沖縄へのしわ寄せ

むしろ、冷戦後の沖縄には新たな基地負担が生じていた。きっかけは、1992年に生じたフィリピンからの米軍撤退だった。

1991年6月、フィリピンのピナツボ火山が噴火し、米軍が使用していたクラーク空軍基地が使用不能となった。直後の8月、フィリピン議会は、在比米軍基地の存在を根拠づける基地協定の批准を否決した。これにより、米軍は先のクラークのみならず冷戦期、海軍の重要拠点として位置づけられていたスービック海軍基地からも撤退することとなった。1992年11月24日のことである。そして、そこに駐留していた部隊の移転先の一つとなったのが沖縄である。

当時、クラークは米空軍の西太平洋戦略の要だった。スービックは、第7艦隊の約60%の修理を引き受けるなど、西太平洋地域最大の修理・補給基地だった。そのため、米国はフィリピンに代わる基地の確保に乗り出した。

まず、ピナツボ火山が噴火した1991年6月以降、空軍は沖縄と韓国に移動。海軍はシンガポール（センバワン地区）に移った。[5] 沖縄では嘉手納と普天間に空軍の第353特殊作戦航空団が入った。嘉手納は300名、普天間では90名の増員だった。さらに嘉手納にはC

-130輸送機3機、普天間にはMC-53型ヘリコプター4機が追加配備された。嘉手納に所属する第603軍事空輸支援群も増員された。[6]このようにフィリピンからの米軍撤退が沖縄へのしわ寄せなしには、実現しえなかったことはあまり知られていない。

日本政府はフィリピンから沖縄への米軍の移駐を「一時的なもの」と説明した。しかし、沖縄社会には当初からこうした部隊の展開が固定化するのではないかとの不安の声があった。実際、第353特殊作戦航空団は今日まで嘉手納での駐留を継続している。

かくして、沖縄社会は冷戦終結後も基地負担が軽減されない状況に失望した。とくに基地のない沖縄を目指し、1990年12月に知事に就任していた大田にとって、こうした事態は看過できるものではなかった。彼は、「これまで以上に強く異議を申し立てない限り、基地問題の解決を促進することはできない」と、日本政府との対決姿勢を顕《あらわ》にするのである。[7]

SACO合意

1995年9月、沖縄本島北部で12歳の少女が3人の米兵によって暴行される事件が起きた。被疑者3名のうち2名が海兵隊員だった。この時点で、沖縄に駐留する米兵の約6割、基地の約8割が海兵隊の使用に供されていた。日米地位協定の取り決めにより、日本の警察は被疑者の身柄を拘束できなかった。こうした事態に沖縄で大規模な県民集会が開かれ、およそ8万人が抗議の声を上げた。
日米両政府の動きは早かった。そうでなくとも、冷戦の終結により日米安保条約の正当性は揺らいでいた。1995年11月、日米両政府は、沖縄の米軍基地の整理・統合・縮小に向けた協議を行う委員会として、「沖縄に関する特別行動委員会」（SACO）を設置した。1996年1月に首相に就任した橋本龍太郎は、沖縄基地問題を政権の最重要課題と位置づけた。[8] 同年2月、橋本はクリントン大統領との会談で、普天間基地（海兵隊基地）の返還を求めた。
当初、外務省と防衛庁は、橋本がこれを持ち出すことには反対だった。実現の見込みがないことを米側に打診するのは政治的リスクが高いと考えられたからである。[9] しかし、当日の会談で普天間の話を持ち出すよう水を向けたのは、むしろクリントンのほうだったようである。[10] 米側は橋本が普天間返還を持ち出すことを、事前に知っており、そのための準備をしていた可能性があるという。[11]
いずれにせよ、橋本・クリントン会談を境に、普天間の返還・移設に向けた動きが加速する。会談から2ヵ月後の1996年4月12日、橋本とモンデール（Walter Frederick Mondale）駐日大使は、沖縄県内への移設を条件に普天間飛行場の返還を発表する。その後、4月15日にSACO中間報告（詳細は後述）が公表され、普天間のみならず、読谷《よみたん》補助飛行

図６－３　**橋本龍太郎首相とモンデール駐日大使**
普天間基地返還合意の記者会見、1996年４月12日

場の返還、県道１０４号線越え実弾射撃訓練の日本本土への移転、日米地位協定の運用改善などが打ち出された。[12] 弾みをつけた両政府は、４月17日に日米安保共同宣言を発出し、日米安保条約がアジア太平洋地域の安定と平和の基礎であり続けることを確認した。

１９９６年12月にはＳＡＣＯ最終報告が公表された。[13] 普天間飛行場は５年ないし７年以内に十分な代替施設が完成し、運用可能になったのちに全面的に返還すること、また代替施設となる海上施設を、沖縄本島東海岸沖に建設することが合意された。当該施設は１３００ｍの滑走路を備えた全長１５００ｍの施設となると予定された。

2　普天間移設問題

辺野古の登場

ＳＡＣＯ最終報告にある「沖縄本島東海岸沖」とは、沖縄北部の名護市キャンプ・シュワブ沖（辺野古）のことである。ＳＡＣＯ最終報告の段階では「地元の反発が強く、理解が得られていない」と日本側が慎重な姿勢をみせたことにより、このような表現になったようだ。[14]

まず、現行の普天間移設計画に至る経緯を整理しよう。２００５年10月29日、日米両政府は日米安全保障協議委員会（ＳＣＣ）にて、普天間の代替施設をキャンプ・シュワブの海岸線の区域とこれに近接する大浦湾を結ぶＬ字型に設置するとの案で合意をみた。その後、周辺地域上空の飛行ルートを回避してほしいとの地元の要望を踏まえ、２００６年４月７日に防衛庁長官と名護市長及び宜野座《ぎのざ》村長とのあいだで、新たにＶ字型の２本の滑走路からなる案が合意に至る。

そのうえで、２００６年５月１日、日米両政府はＳＣＣを開催し、普天間飛行場代替施設を辺野古崎とこれに隣接する大浦湾と辺野古湾の水域を結ぶ形で設置し、１８００ｍの滑走路を２本、Ｖ字型に配置することに合意する（ロードマップ合意）。２０２３年現在、普天間

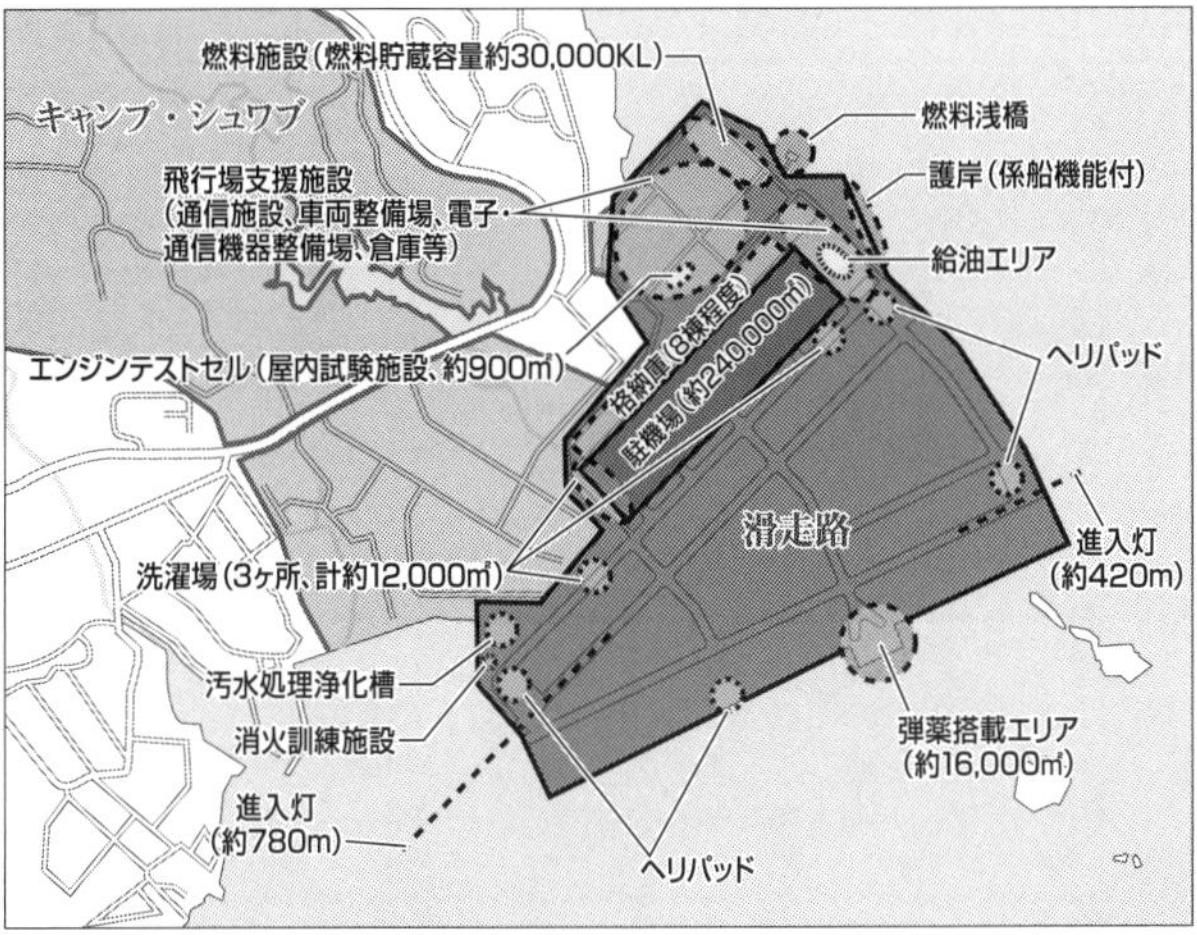

図6－4　現行の辺野古基地建設計画

の移設計画は、このロードマップ合意を基礎にしている（図6－4）。

後述する民主党・鳩山政権時の、2010年5月28日に開かれたSCCでは、改めて普天間の代替施設をキャンプ・シュワブ辺野古崎地区及びこれに隣接する水域に設置することが確認された。また代替施設の位置、配置及び工法などに関する専門家の検討を経て、2011年6月21日のSCCでは、海面を埋め立て、V字型に配置される2本の滑走路を有する代替施設を建設することが決定する。以降、現行案以外に選択肢はないとする日米双方の基本姿勢に変化はない。

こうした変遷の過程で、工法（埋め立てか、浮体か）、滑走路の長さと形状、建設地点（辺野古沖合か、キャンプ・シュワブの陸上部か）などについて、様々なアイデアが浮かんでは消えていった。しかし、唯一揺らがなかったのがその移設場所、すなわち「辺野古」である。

代替施設の選定

話を1996年4月のSACO中間報告まで戻そう。そこで合意したのは次のことである。

〈SACO中間報告〉

今後、5~7年以内に十分な代替施設が完成した後、普天間飛行場を返還する。施設の移設を通じて、同飛行場の極めて重要な軍事上の機能及び能力は維持される。このためには、沖縄県における他の米軍の施設及び区域におけるヘリポートの建設、嘉手納飛行場における追加的な施設の整備、KC―130航空機の岩国飛行場への移駐及び危険に際しての施設の緊急使用についての日米共同の研究が必要となる。[15]〔傍点筆者〕

このことを踏まえて、日本側は当初、嘉手納統合案を模索していた。[16]つまり、空軍が使用する嘉手納飛行場に、普天間の部隊と機能を移転する案である。しかし、米軍はこの案に強硬に反対した。その理由は、固定翼機と回転翼機（ヘリコプター）が混在することの危険性、ならびに作戦計画の効率性の低下だった。[17]

一方で米側は、早い段階から沖縄本島北部のキャンプ・ハンセンかキャンプ・シュワブのいずれかにヘリポートを建設する案を提示していた。[18] ただし、ここでいうヘリポートは、あくまでも滑走路が併設されるそれを指している。この点、村田直昭・元防衛事務次官は、「普天間はヘリ基地だが大きい滑走路を持っている。それは何かのとき（有事）に所要の部隊が来るということが念頭にある。（米側は）移った先でもそういう面での代替機能が満たされなければならないと主張した」[19] と証言する。SACO中間報告にある普天間の「軍事上の機能及び能力」を維持するには、十分な滑走路が必要だったということである。

しかし、滑走路をもつヘリポートを建設できる場所はそう多くない。そもそも飛行場は平地でなければ建設できない。狭隘《きょうあい》な沖縄にあって、そのような土地は望むべくもない。となれば、海を埋め立てる以外に選択肢はほとんどない。じつは防衛庁の中では、橋本首相が米側に普天間飛行場返還を求めた際、すでにキャンプ・シュワブ沖合埋め立て案は、事務レベルの俎上《そじょう》にあったという。[20] 1996年4月の返還合意以前から辺野古沖を埋め立てるイメージが存在していたということである。これについては、米側からも働きかけがあったようだ。SACO共同議長を務めた日本側の秋山昌廣《あきやままさひろ》・元防衛事務次官の回想によれば、あるとき米側の担当者が「戦後に計画した埋め立て空港の青写真を持ってきてこれでどうだ」と述べたという。[21]

そうしたなか、1996年9月13日、SACO作業部会に出席するため来日していたキャンベル(Kurt Campbell)国防次官補代理から、海上施設案、すなわち海に浮かぶ施設という案が示された。[22] その際、秋山は「これは米側の提案なのか」と、キャンベルに確認し、キャンベルは「然り」と答えたという。

新たな案を受けて、海上施設の設置場所として日本側が検討したのは、沖縄本島中部勝連《かつれん》半島のホワイトビーチ水域だった。[23] しかし、漁場の消失や環境汚染を理由に地元が反発した。そこで次の候補となったのが、名護市辺野古、キャンプ・シュワブの沖合だった。結局、これが日米の了解事項となる。1997年1月、日米両政府は海上施設の設置場所を名護市辺野古のキャンプ・シュワブ沖とすることを正式に発表する。[24]

奇妙な一致——マスタープラン1966

米国はどの段階で辺野古に的を絞ったのだろうか。じつはベトナム戦争最中の1965年以降、米海軍は現行の計画とよく似た計画を立案していた。[25] 当時、軍の統合参謀本部(JCS)は、沖縄の施政権返還を求める日本の世論を警戒しつつ、在沖縄海兵隊がもつ有事の即

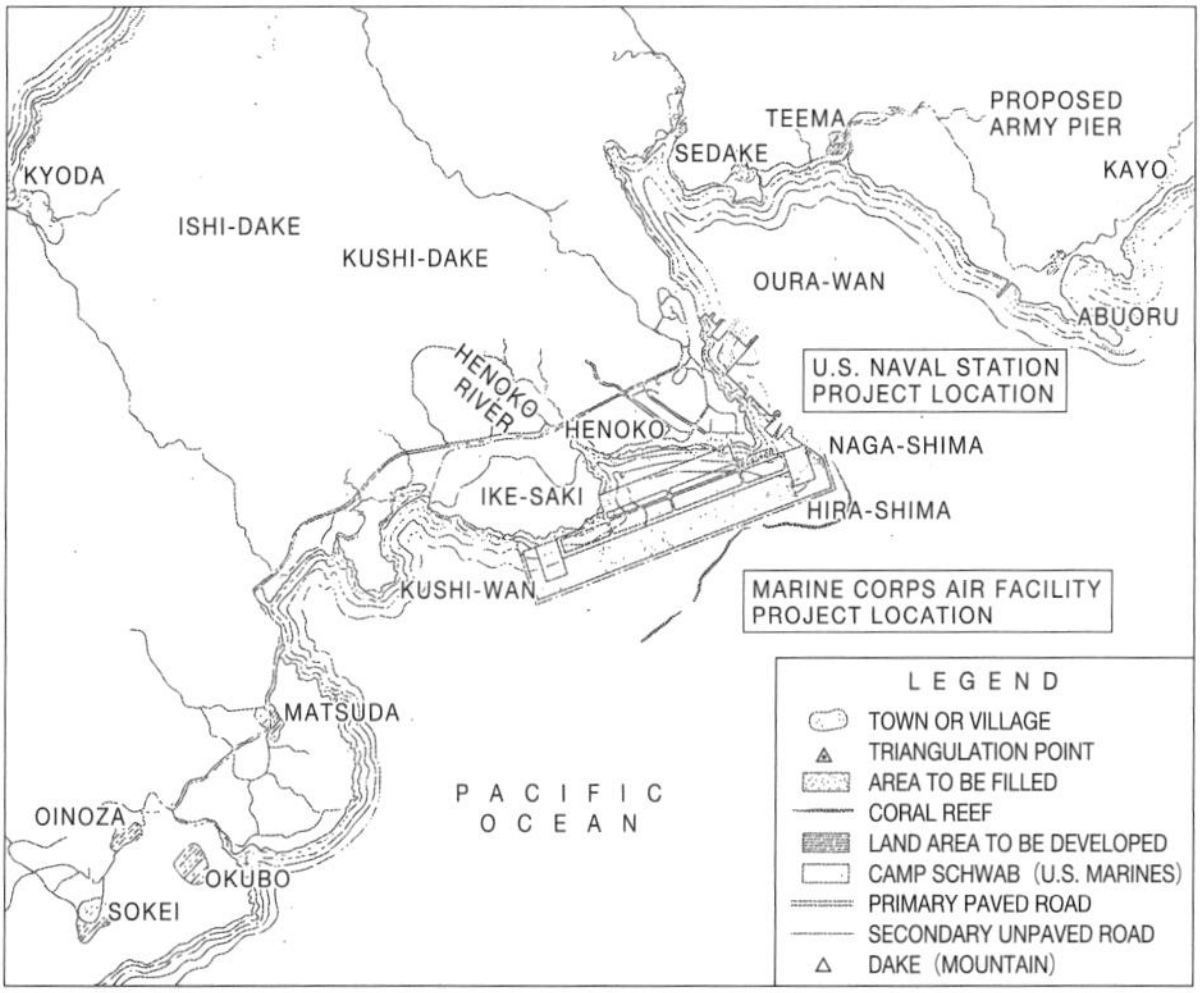

図６－５　マスタープラン1966　全体図

応性を高く評価していた。そこで、海軍は沖縄の基地を将来にわたり長期的に使用することを目処に、海兵地上部隊と海兵航空部隊を展開させるための新たな航空施設を、久《く》志《し》湾《わん》（辺野古沖）・大浦湾に建設することを計画した。「海軍施設のためのマスタープラン（The Master Plan for Naval Facilities）」（以下、マスタープラン１９６６）である。[26]

この計画は、全２８２頁に及ぶ長大で、かつ仔細なものである。その中身は、沖縄北東部に位置する大浦湾を埋め立てて、艦隊オペレーションを支援するための海軍施設を建設し、さらに久志湾（辺野古沖）を埋め立てて２本の滑走路（それぞれ３０００ｍ級）と弾薬搭載施設を伴う

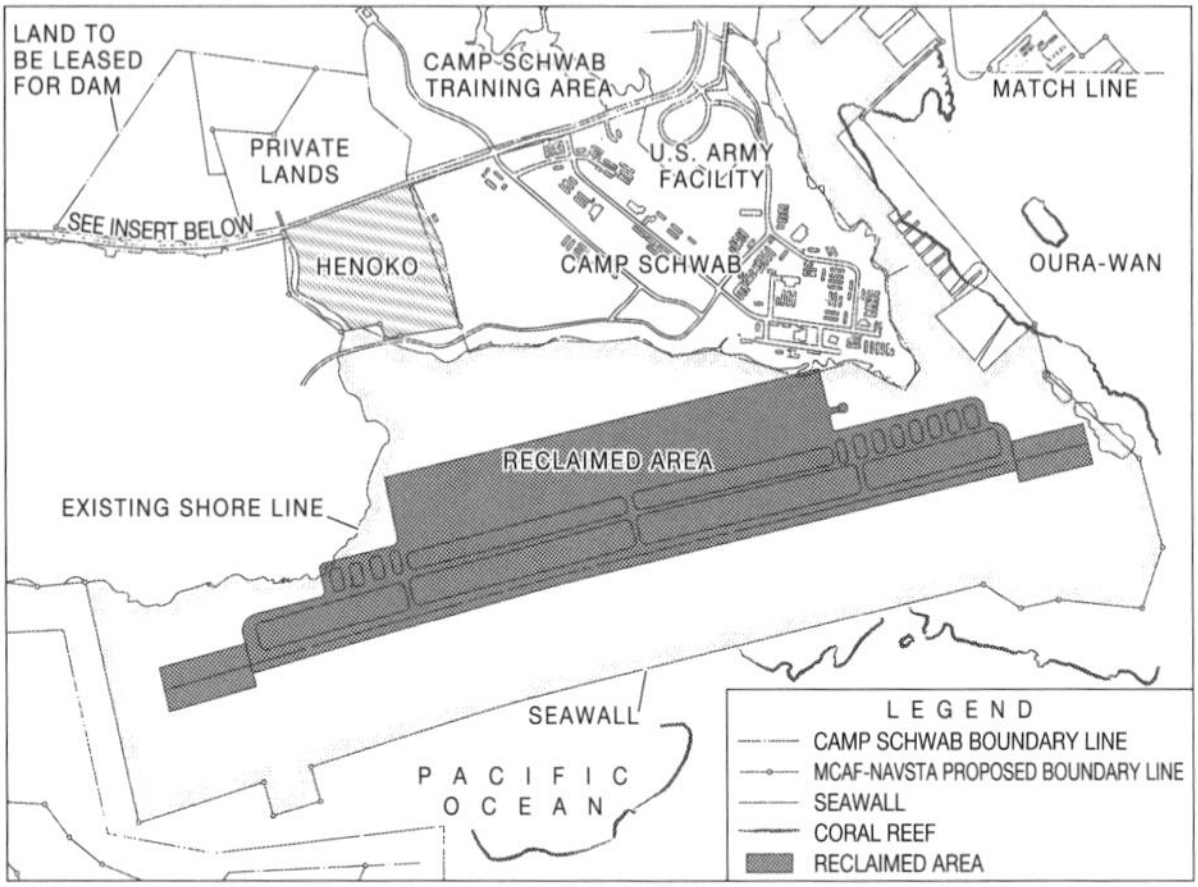

図6-6　埋め立てエリア

海兵隊の飛行場を建設するというものである(図6-5、6-6、6-7)。

現行の計画(図6-4)と見比べると、少なくない一致をみることがわかる。主要な違いは、現行計画のほうが、滑走路が短く、一部がキャンプ・シュワブ陸上部にかかっており、形状がV字型であることだ。以下、各図の出所はとくに記載がない限り、マスタープラン1966である。

現行計画よりも、さらによく似ているのが1997年に検討されていた海上ヘリポート案(図6-8のA)と、2002年に検討された軍民共用空港案である。図6-8に示されているように、二つの計画とマスタープラン1966は、埋め立て地点の多くが重なり合う。

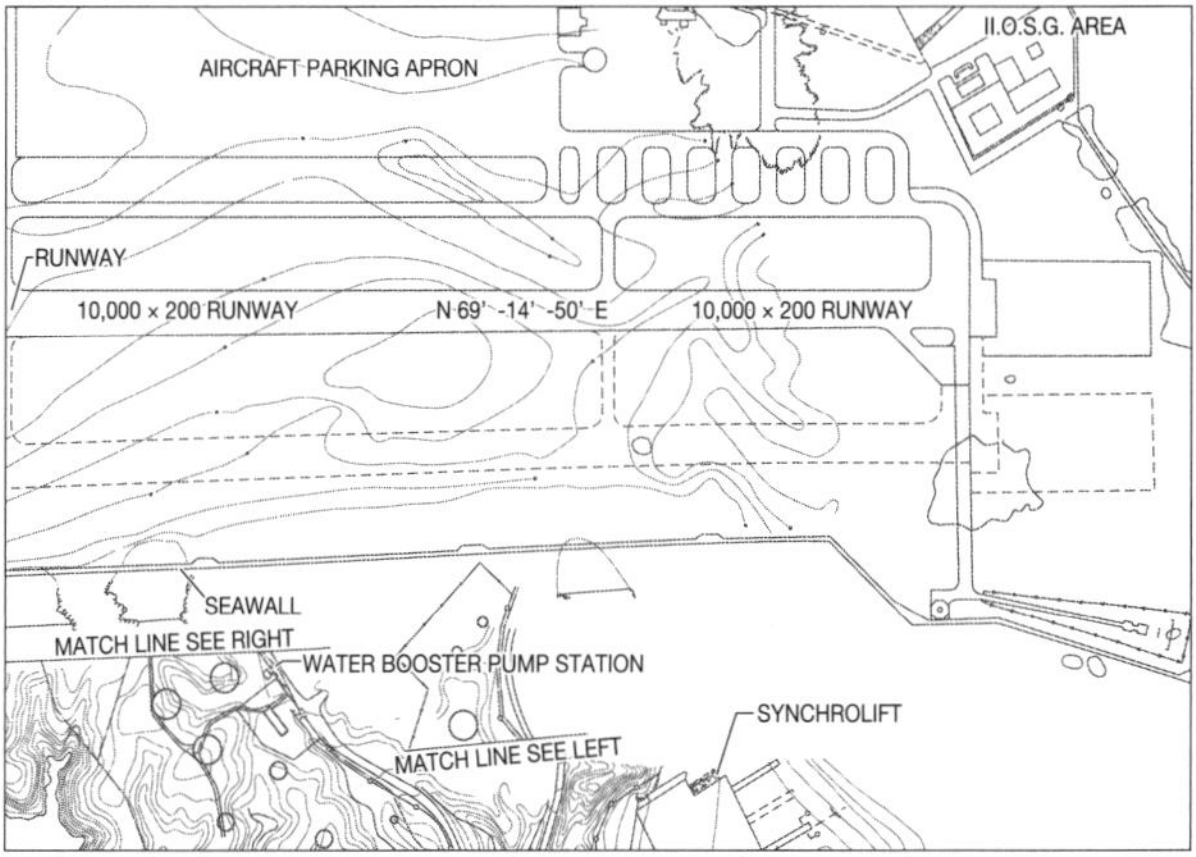

図６－７　**飛行場（滑走路）部分**

さらに、図には示されていないが、２００５年８月以降、軍民共用空港案から埋め立て位置をやや浅瀬に移した案が米側から提示されている。「浅瀬案」とよばれるもので、政府間合意には至らなかったが、当時のローレス（Richard P. Lawless）国防副次官はこれを強力に推し進め、沖縄の海兵隊も同意していた。[27]この浅瀬案は埋め立て地点がマスタープラン１９６６とほぼ一致する。

マスタープラン１９６６の策定を担ったのは、米海軍施設技術部隊（Naval Facilities Engineering Systems Command：ＮＡＶＦＡＣ）。ＮＡＶＦＡＣは現存する部隊である。現在、その極東地区本部が横須賀海軍基地に置かれ、日本、韓国、シンガポール等に駐留する米海軍基地の保守、管理、設計等の任務に就いて

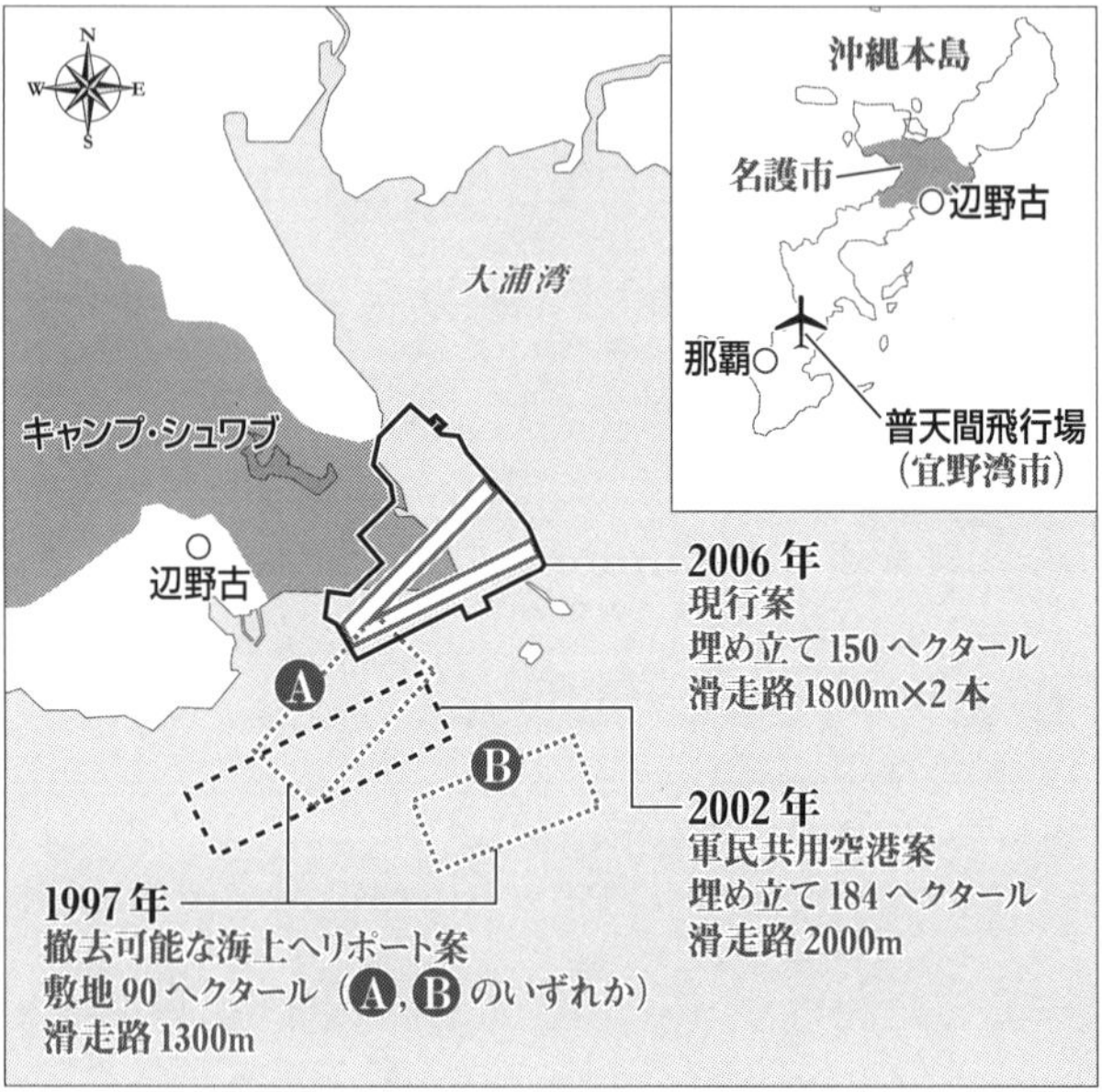

図6－8　埋め立て地点の変遷　1997-2006年

いる。場所の選定と工法その他に関する計画は当時、米国を代表する建設会社、ダニエル・マン・ジョンソン&メンデンホール社（Daniel, Mann, Johnson & Mendenhall：ＤＭＪＭ）が担った（ＤＭＪＭによる最初の計画は１９６５年５月10日に提出されている）。

計画の策定にあたり、まずは10の基地候補地が挙げられた。具体的には、①屋我地島《やがじしま》（名護市）、②崎本部《さきもとぶ》（国頭《くにがみ》郡）、③名護湾（名護市）、④牧港《まきみなと》（浦添《うらそえ》市）、⑤Baren Ko（不明）、⑥ホワイトビーチ（うるま市）、⑦

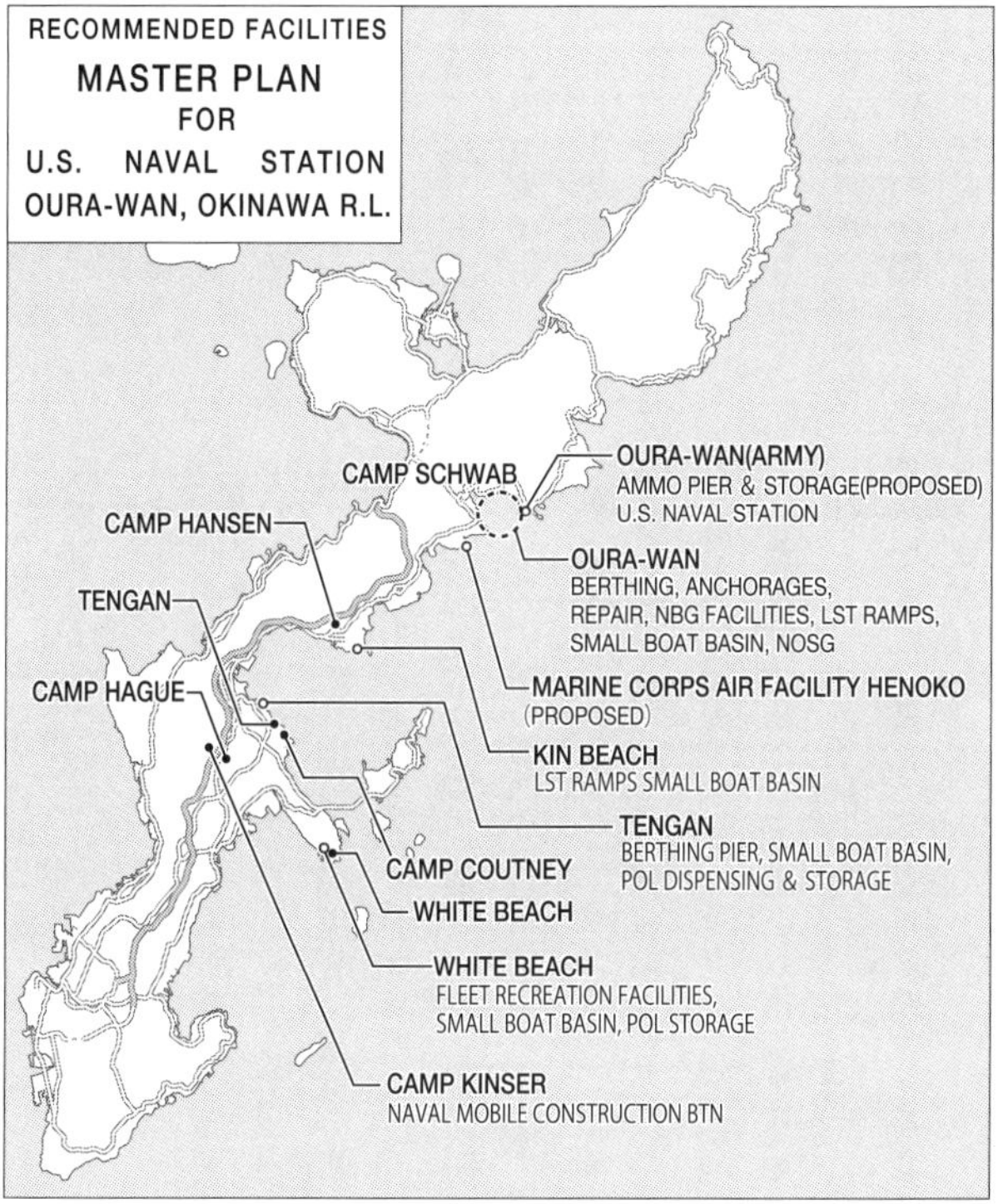

図6－9　**複数の候補地**　注記：基地の位置他、現状と異なるところがあるが、「マスタープラン1966」のとおりに表記している

天願《てんがん》（うるま市）、⑧金武《きん》湾《わん》（金武町ほか）、⑨久志湾（名護市）、⑩大浦湾（名護市）である。

そのなかで、最終候補として残ったのが、辺野古の一帯なのだ。

候補地の選定にあたり、米軍の司令官クラスへの聞き取り調査が行われた。在沖縄米軍（USARYIS）、琉球列島米国民政府（ＵＳＣＡＲ）、そして日本の海上自衛隊、日本の気象庁からも情報提供を受けていた。海上自衛隊や気象庁がこの時点で、どこまで海軍の計画の詳細を知る立場にあったのかは不明である。

候補地の比較においては、他の関連する基地との近接性が重要とされた。港湾・乗船施設、保管・支援施設、弾薬・ＰＯＬ施設（輸送する貨物を積み込む場所）を建設するのに必要な土地の取得費用も試算された。きわめて詳細な地形調査、土壌分析、水路調査、海洋調査等が行われた。地形、天候、人口、電力、水道等のインフラの状況、台風の影響、道路状況、海上輸送路、土壌の状態、気温、湿度、降水量の他、辺野古沖（大浦湾）における津波、台風による被害想定、副振動（湾で発生する海面の振動現象）、高潮、風、堆泥の状況、そしてとりわけ波の問題（屈折、方向、時間隔、高さ等）に至るまで、詳細な調査が行われた。

辺野古は、何より海兵隊の支援施設（キャンプ・シュワブ）と一体的に運用できることが強みだった。南北に走る幹線道路（現在の国道３２９号）が、海兵隊のキャンプ・ハンセンへのアクセスを容易にし、また沖縄中南部、あるいは市街地への移動を可能にした。土地も一坪あたりの単価が安く、他と比べて魅力的だった。住民は主に農業と漁業に従事しており、基地建設の労働力として期待できた。彼らを「基地経済」に動員することで、基地は新たに１２００人の雇用を生むと試算された。

辺野古の基地は、海軍と海兵隊の複合基地（complex）となる予定だった。係船機能のついた護岸が整備され、揚陸艦のみならず、エンタープライズ級空母を収容するとされた。隣接する辺野古弾薬庫には、おそらく核兵器と思われるが、特別兵器（special weapons）の貯蔵が想定されていた。燃料桟橋を含む八つの係留施設、12の停泊所、小型ボート修理施設、八つのＬＳＴランプ（傾斜路）、訓練ビーチ、ＰＯＬ、弾薬搭載施設、第7艦隊のためのレクリエーション施設、海軍機動建設大隊の訓練キャンプの建設が計画された。工期は5年、総費用はおよそ計4億ドルと見積もられた（なお、２０２３年時点で、辺野古基地建設費用は日本政府の見積もりで約９３００億円、約66億ドルである）。

現行計画で指摘される「問題点」

話を現代に移そう。現行計画の実施に際し課題の一つとされているのが、辺野古沖の軟弱地盤である。２０１８年3月、沖縄防衛局は埋め立て予定海域の地質調査報告書を公表し、19年1月に政府は大浦湾の海底部に軟弱地盤が広範に広がっていることを認めた。[28] 大浦湾の4ヵ所の地点で地盤の強度を示すＮ値がゼロを示し、「非常に緩い・軟らかい谷埋堆積物である砂質土、粘性土が堆積している」と指摘された。

マスタープラン１９６６にも、この軟弱地盤に関する記述がある。マスタープランによれ

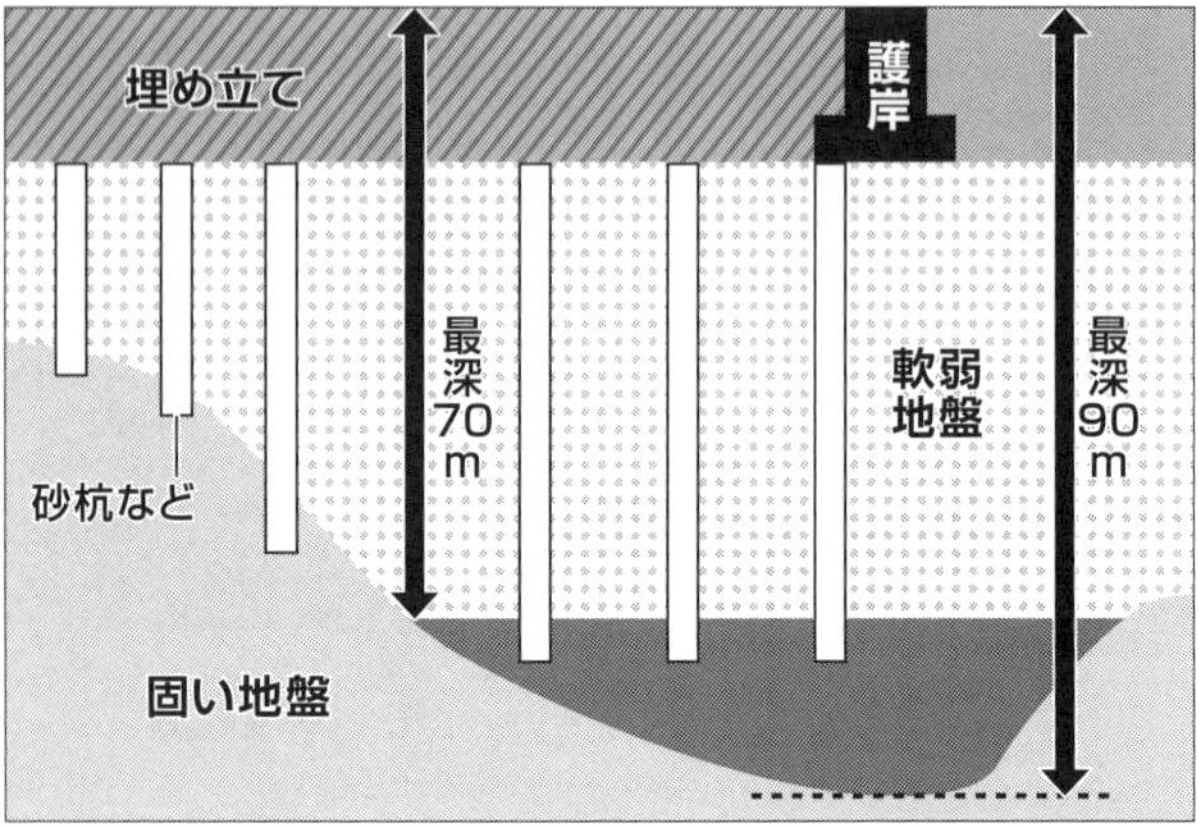

図6－10　辺野古の軟弱地盤

ば、辺野古沖合の「地盤は風化が進んで柔らかい」、「海底の土壌は、堆積物の上部1・5メートル以内は粘土質、それ以下はシルト質に分類され、緩い状態から中程度の密度にある」という。地盤の問題はすでに1966年の段階から指摘されていたのである。

現行計画において問題視されるいま一つのことは、辺野古の基地に、普天間飛行場にはない新たな機能が追加される点である。辺野古の基地が、普天間の「代替施設」ではなく「新基地」だとする批判はここから生まれてくる。

現行計画で新設される機能（図6－4）は、①弾薬搭載エリア、②係船機能をもつ護岸、③燃料桟橋である。しかし、それらの機能もまた、マスタープラン1966の時点ですでに想定されていたものだ。

たとえば、マスタープラン1966（図6－5）では、弾薬搭載施設の建設が計画されていた。場所は図6－6、滑走路の右上の係留施設のどこかだと考えられる。護岸には空母の離着岸が想定されていた。燃料栈橋にはガソリン等の燃料を運搬するタンカーが接岸し、パイプラインをつうじて貯油施設に送られる計画だった。その位置は現行計画（図6－4）と重なる。図面でいえば、滑走路の上部（北側）、埋め立てエリアの外側である。

マスタープラン1966とその後

では、マスタープラン1966は、米国の政策決定過程のなかでどのように位置づけられていたのだろうか。重視されていたのか、それとも検討に値しない泡沫の計画だったのか。

答えは前者である。この計画は1967年7月の時点で、軍の統合参謀本部の承認を得て、あとはマクナマラ（Robert McNamara）国防長官の承認を待つ状態にあったことがわかっている。[29] つまり、実施の一歩手前まで近づいていた重要な計画だったのだ。しかし、のちに状況は一変する。1968年2月にマクナマラが辞任、新たにクリフォード（Clark McAdams Clifford）が国防長官に就任した。以降、巨額の財政支出を伴うマスタープラン1966は、ベトナム戦争の出口戦略とも相まって、国防総省の構想からは外れていった。

しかしながら、この計画は海軍内部でその後も生き続ける。1980年に米軍内部で検討された普天間基地の将来計画の中に、これとほぼ同様の計画がみられ、「マスタープラン1966」への言及があったというのである。[30] この点、すでにみた秋山昌廣・元防衛事務次官の証言を思い出してほしい。彼はSACOの過程で、米側から「戦後に計画した埋め立て空港の青写真」をみせられ、「これでどうだ」といわれたという。もちろん、秋山がみた写真がこれと合致するかは定かではない。しかしながら、マスタープラン1966が、少なくとも1980年まで軍内部で引き継がれていたのであれば、その可能性はないとはいえない。

しかし、仮にそうした推論が正しいとしても、では、米国はなぜはじめから「辺野古」といわなかったのだろうか。おそらくそこには、米国が日本側に提示した普天間返還の条件が関係しているだろう。SACO中間報告の直前の1996年4月8日、モンデール駐日大使は、橋本首相に対して正式に普天間の返還に応じる代わりに、普天間の移設費用を日本が負担することを求めた。そこで橋本は、「費用負担は条約上も当然日本側が負うべきもの」と、これを受け入れた。[31]

繰り返せば、マスタープラン1966が潰《つい》えたのは、米国の財政赤字のゆえだった。それを踏まえれば、日本が基地建設の費用負担に応じたことに、米国は心から満足したはずである。もしそうであれば、米側としては日本側の機嫌を損ねないように（費用負担に気持ちよく応じてもらえるように）、その後、あらゆる手練手管《てれんてくだ》を弄したとしても不思議ではない。

推論の域を出ないが、たとえば、日米対等の「協議」の場を演出しながら、既定路線である「辺野古」に向かって台本どおりに協議を進めようとした可能性だってある。もし、はじめから辺野古ありきで、かつ日本の費用負担で基地を移設しようとすれば、日本社会の、とりわけ沖縄の反発はさらに激しかっただろう。したがって、普天間の返還はあくまでも日本側が言い出したことであり、移転先の候補を複数検討したものの、日米協議のプロセスのなかでおのずと辺野古に収斂《しゅうれん》していった、という「事実」の策定が必要だったのではないか。

こうした推論は、次にみる問題とも深くかかわっている。

3　鳩山政権と国連軍

普天間返還に関するいま一つの謎は、2009年9月に誕生した鳩山由紀夫政権が、なぜ国外・県外移設を取り下げざるをえなかったのかである。とりわけ、ここでは国外移設を断念するに至った経緯に着目したい。というのも、「県外移設」の問題については、これまでも様々な分析が行われてきたからである。県外移設が頓挫した理由として知られているのは、たとえば、①普天間基地の機能を受け入れる日本本土の自治体が存在しなかったこと（あるいは鳩山政権がそれを実現するだけの根回し、調整を行えなかったこと）、②そして、海兵隊の一体運用能力や抑止力の低下を日米双方が懸念したこと（すなわち、普天間飛行場だけを他の基地から切り離して遠くに移すことはできない）である。

他方、「国外移設」が頓挫した理由については、これまで十分な検討がなされていない。しかしながら、この問題は本書のテーマ、すなわち米軍と国連軍の関係を考えるうえで興味深い。

民主党政権の「公約」

経緯を振り返っておこう。衆議院解散を2日後に控えた2009年7月19日、民主党代表の鳩山由紀夫は、来る総選挙で最重点区の一つである沖縄を訪れ、「最低でも県外移設に皆様が気持ちを一つにするなら、その方向へ積極的に行動を起こさねばならない」[32]と述べた。

鳩山はのちに、これを民主党の公約ではなく、政治家個人としての発言だったと語るが、「あとの祭り」である。[33]この「最低でも県外」発言は、多くの人々の支持を得て、民主党政権の誕生を後押しすることになる。もちろん、鳩山の発言には伏線があった。民主党は2005年に発表した「沖縄ビジョン（改訂）」のなかで、普天間について、機能分散などによりひとまず県外移転の道を模索し、その後、戦略環境の変化を踏まえて国外移転を目指すと明記していた。[34]「沖縄ビジョン（２００８）」にもこの方向性が引き継がれた。[35]

２００９年９月、鳩山政権が誕生する。と同時に、直面したのがこの普天間移設問題だった。鳩山は、国会で「一国の領土の中に他国の軍隊が居続けることというのは、決してこれは常識的な問題ではない」とし、万が一、国の防衛において必要な状況が生じたときに米軍の協力を求めること、「常時駐留なき安保」を目指すことを明確にしていた。[36]

２００９年11月13日、オバマ（Barack Obama）大統領が来日した。鳩山はそこで「前政権の合意は重要だが、選挙で県外・国外（移設）と言ったことも理解して欲しい。〔中略〕必ず答えは出すので、私を信じてほしい（trust me）」と述べた。いわゆる、トラスト・ミー発言である。

図６－13　**記者会見する鳩山由紀夫首相**
普天間「極力、県外に」、2010年３月26日

新聞等のメディアも報道を過熱させていく。移設候補地として、鹿児島県の徳之島、同県馬毛島《まげしま》、宮崎県の新《にゅう》田原《たばる》基地、民間の佐賀空港や関西国際空港、国外のグアム、サイパン、テニ

アンなど、いくつか具体名が浮上しては消えた。鳩山自身は、自身の選挙区である北海道苫《とま》小《こ》牧《まい》東地区への移転も考えていた[37]。同地区では当時、再開発事業が広大な遊休地と１８００億円の負債を抱えて行き詰まっていた。なお１９９６年のSACOのプロセスでも、一度、日本側は苫小牧東地区への海兵隊の移転を打診している。しかし、米側は同意しなかった。

結局、鳩山政権は自らが移設候補地選定の期限とした２０１０年５月になって「現行案への回帰やむなし」との判断に至る。５月４日、沖縄を訪問した鳩山は、仲井《なかい》眞《ま》弘多《ひろかず》・沖縄県知事と面会した。そこで、「海外という話もなかったわけではないが日米同盟を考えたとき、抑止力という観点から難しいという思いになった。全てを県外にということは現実問題難しい」として、県外・国外移設を正式に撤回した。その直後、記者の質疑に応じ、「学べば学ぶにつけ沖縄に存在している米軍全体の中での海兵隊の役割を考えたとき、それが全て連携している。その中で、抑止力が維持できるという思いに至った」と述べた[38]。

この一連の発言と行動は、沖縄県民に大きな怒りと失望を与えた。県外・国外移設を掲げながら、ほぼ原案に近い状態に回帰したことで鳩山政権の求心力は低下した。社民党は連立を離脱、鳩山内閣は２０１０年６月４日、総辞職した。

後日、鳩山は「政府のなかで、この方向に向けた、より協力的な仕組みができていれば良かったと思っています。そこが十分できなかったことは鳩山自身の不徳の致すところ」と自身の責任を認めている。[39] しかしながら、これを鳩山政権の失策、あるいは鳩山個人の資質の問題に安易に帰着させてしまうのは問題である。なぜなら、そうすることでより本質的なものがみえなくなるからである。

在日国連軍の問題である。

朝鮮半島危機（1993－94）と普天間

時計の針をSACO中間報告（1996年4月）まで戻そう。SACO中間報告の時点で、米軍は普天間を戦略的にどのように位置づけ、それをいかに「返還」しようとしていたのだろうか。

当時の東アジアの戦略環境はこうだ。まず極東では、1993年から94年にかけて北朝鮮核危機が生じていた。1993年2月、国際原子力機関（IAEA）が、北朝鮮が査察対象として申告していなかった二つの施設に対し「特別査察」を求めた。しかし、北朝鮮はこれを拒否し、NPT（核兵器不拡散条約）からの脱退を宣言する。1993年5月には、中距離弾道ミサイル「ノドン1号」を日本海に向けて発射する。米国は北朝鮮に対する経済制裁を強めるも、北朝鮮の挑発はエスカレートし、1994年3月19日には、韓国との実務者会議の場で、「ソウルを火の海にする」と発言した。

米軍は万が一に備え、韓国にパトリオット・ミサイル（迎撃ミサイル）を配備、国防総省の中には北朝鮮の核施設への空爆を主張する声もあった。ペリー（William James Perry）国防長官は、のちにこのときを「朝鮮戦争以来最も危うく戦争に近付いた」時期だと回想する。[40]

そうしたなか、１９９４年６月以降、米国は朝鮮有事における対処計画の策定に着手する。[41]そこでは最初の90日間で、米側５万２０００人、韓国側49万人の死傷者が出るとの想定がなされた。[42]有事においては、初動で３ヵ月以内に米本国からおよそ40万人の兵力を朝鮮半島周辺に展開させるが、その際、「日本は作戦計画実施の一環（integral part）」であり、増派部隊を受け入れ、かつ後方支援の拠点となる。[43]つまり、沖縄を含めた在日米軍基地は朝鮮有事において不可欠の存在ということである。[44]

１９９５年の時点で、沖縄には２万９３２９人の米軍が駐留していた。その内訳は、海兵隊が１万９６６３人、空軍が７４２９人、海軍が１４７１人、陸軍が８２９人である。[45]朝鮮有事の初期に投入される海兵隊と空軍が圧倒的なプレゼンスを有していることがわかる。

北朝鮮だけではない。ＳＡＣＯ中間報告の直前の１９９６年３月には、台湾海峡危機が生じていた。同年３月23日に予定されていた台湾総統選挙で李登輝《りとうき》優勢の観測が流れたことで、中国人民解放軍は３月８日から15日にかけて台湾近海でミサイル演習を行った。これに対し、米海軍は空母機動部隊を派遣するなどして中国の動きを牽制、米中関係はにわかに緊迫する。

普天間の返還合意（１９９６年４月）は、こうした文脈のなかで理解しなければならない。繰り返せば、ＳＡＣＯ中間報告には、「十分な代替施設が完成した後、普天間飛行場を返還する」とある。一方、ＳＡＣＯ最終報告には「十分な代替施設が完成し運用可能になった後、普天間飛行場を返還する」とある。いずれにせよ「十分な代替施設」が返還の条件である。では、そこでいう「十分」とは何か。それは具体的にどのような状態を指しているのだろうか。

ここに「普天間海兵隊飛行場の移転」（Relocating Futenma Marine Corps Air Station〔ＭＣＡＳ〕）という米側の文書がある。[46] ペリー国防長官の訪日に備え、キャンベル国防次官補代理を中心としたＳＡＣＯ作業部会メンバーのために用意された資料の一つである。作成日は不明だが、その内容からして、普天間返還発表の直前の１９９６年３月の時点で記されたものだろう。米側が日本側に普天間基地返還の計画案を示したのが３月21日であるから、[47] その直前だろうか。

文書の冒頭には、「もしＳＡＣＯのプロセスにおいて普天間基地が移転（relocation）の候補になるのであれば、次の条件と能力が満たされなければならない」とある。その条件はこうである。

普天間海兵隊飛行場がもつ軍事的機能と能力を移転するのであれば、朝鮮有事において反撃の拠点となる航空施設として利用可能なもう一つの国連軍基地（United Nations base）が、米海兵隊及び他の国連軍参加国に提供されなければならない。〔傍線筆者〕

つまり、何よりも満たさなければならない条件とは、普天間がもつ国連軍基地としての能力を維持することである（繰り返せば、普天間基地は沖縄が日本に復帰したその日から、今日まで一貫して国連軍基地である）。

米側は、「普天間に展開する海兵隊の地上部隊と航空支援部隊は朝鮮有事の作戦計画において決定的な役割を果たしている」と評価していた。朝鮮有事の作戦計画とは、先にみた、1994年6月以降に策定された朝鮮半島有事への対処計画のことである。ちなみにこの後、1997年9月には、「日米防衛協力のための指針」（日米ガイドライン）が改定され、朝鮮半島有事を念頭に置いた米軍と自衛隊の協力が進展していくことになる。

普天間に求められるのは、14機のKC－130輸送機、2機のC－12、13機の攻撃型ヘリコプター、3機の多目的ヘリコプター、24機のミディアム・ヘリコプター、16機のヘビーリフト・ヘリコプター計72機の収容能力だった。これが、SACO中間報告と最終報告に登場する「十分な代替施設」の意味するところである。

~~CONFIDENTIAL~~

Relocating Futenma Marine Corps Air Station (MCAS)

If Futenma MCAS is a candidate for relocation (over the next 5-10 years) during the SACO process, the following conditions and capabilities must be matched:

To replace military functions and capabilities at Futenma MCAS

- Another field must be designated an United Nations base to provide the US Marine Corps and other UNC participation nations a gateway for military reaction to a Korean conflict (following prior consultations).
  - The Marine land forces and their aviation support presently located at Futenma are critical to campaign plans for a Korean contingency.
  - Present regional circumstances require Futenma's military capabilities and logistic capacity.

- Facilities must accommodate flight line space for:
  - 14 KC-130s
  - 2 C-12s
  - 13 Attack helicopters
  - 3 Utility helicopters
  - 24 Medium helicopters
  - 16 Heavy lift helicopters

- Provide the infrastructure (control towers, taxiways, hangers, ramps, etc.) to ensure regular and routine flight operations and maintenance necessary to insure the high level of proficiency needed to maintain combat capability and effective teamwork.

- Futenma MCAS provides important flexibility and rapid expansion of capacity in the defense of Japan's southern flank. This capability must be retained.

- Designate an arresting-gear capable divert field for emergency divert for Kadena fighters.

- Provide a depot level maintenance facility to replace the Futenma facilities.

One option: Consolidation on Kadena and construction of a new heliport on US exclusive use property.

- Kadena AB is already expected to operate at maximum operational tempo during contingency scenarios. Therefore, Kadena would need infrastructure improvements to handle Futenma's logistical functions.
  - Extra apron space, maintenance hangers, operational facilities would be required to rebuild and beddown 90 helicopters arriving during contingencies.
  - Modification of POL distribution facilities and base infrastructure would be required.

DECLASSIFIED
BY　JCS
DATE　18-OCT-2006

~~CONFIDENTIAL~~

Classified by: Brig Gen R.H. Fogleong
Reason: 1.5(d)
Declassify on 12 Mar 1996

図6-14　普天間返還の条件　史料の当該箇所

ＫＣ－１３０輸送機は固定翼機であり、したがって、滑走路の存在が前提となる。ＳＡＣＯ中間報告には「他の米軍の施設及び区域におけるヘリポートの建設」とある。これは読む側に、滑走路つきの広大な普天間基地が、ヘリパッド主体の小規模な施設へと転換するイメージを想起させる。しかし、米側ははじめから滑走路とヘリポートの双方を有する飛行場を想定していたということだ。先に触れた村田直昭・元防衛事務次官の回想は、この国防総省が示す条件と一致する。繰り返せば、彼はこう証言している。「普天間はヘリ基地だが大きい滑走路を持っている。〔中略〕〔米側は〕移った先でもそういう面での代替機能が満たされなければならないと主張した」[48]。

米側の考える、普天間の代替基地とは要するに、有事に必要となる米軍及び国連軍の部隊を受け入れることができる滑走路つきの航空施設である。これがＳＡＣＯの起点なのだ。だから、容易には揺らがない。

文書では、それらの条件を満たす代替基地の候補として、具体的に嘉手納の名前が挙げられている。と同時に、それを実現するには多くの困難があることも示されている。というのも、嘉手納はこの時点ですでに収容能力の限界を超えていたからである。つまり、基地の大規模な改修・拡張が必要だった。具体的には、エプロン及びハンガーを拡張し、貯油施設を整備し、有事に90機のヘリを収容できる新たなスペースを確保しなければならなかった。また平時に、固定翼と回転翼あわせて72機を受け入れる必要があるため、回転翼機のオーバーホールを可能とする工場設備も必要とされた。アレスティング・ギア（短い滑走距離で着陸するときに急速に減速するために使用される装置）の新設も必要だった。

嘉手納へのこうした能力の追加は、周辺住民の反発を考慮すれば、およそ現実的ではなかった。嘉手納基地が所在する北谷町《ちゃたんちょう》は人口密集地であり、土地取得の困難性や騒音の増加、事件・事故のリスク増など、あらゆるネガティブ要因が揃っていた。さらに、海兵隊と空軍の共同使用は平時には問題なくとも、有事には作戦上の障害となることが予想された。

何より、嘉手納への統合は国連軍基地、それも有事に友軍が使用する飛行場が一つ失われることを意味した。もちろん、嘉手納も国連軍基地である。しかし、そこに航空作戦の機能を集約すれば、敵の攻撃に対するリスクヘッジが利かなくなる（飛行場が二つあればどちらかが破壊されても、もう一方を使用できる）。それでは既存の普天間がもつ「有事における軍事的機能と能力」を維持することにはならない。米国の戦略上、沖縄には二つの作戦飛行場が必要なのである。この点、現行計画では辺野古に、回転翼機としてＣＨ－53、ＵＨ－１及びＡＨ－１、ティルトローター機としてオスプレイ（ＭＶ－22）、固定翼機としてＣ－35及びＣ－12、そして外来機としてたとえばＣ－20等が展開する能力が備えられる予定となっている。[49]

ここまでの議論で、SACO中間報告（1996年4月）の時点において「十分な代替施設」が意味していたものが浮かび上がる。それを前提とすれば、鳩山政権が企図した普天間の国外移設はそもそも不可能だったということになる。なぜなら、国連軍基地のステータスは国外には持っていけないからだ。国連軍基地の根拠は、あくまでも日本と国連軍参加国のあいだにある国連軍地位協定によって見出される。国連軍基地のステータスを残すことを前提とすれば、県外移設は可能でも国外移設はできない。

つまり、普天間返還の境界条件はあくまでも「国内移設」なのだ。さらに、普天間がもつ現有能力を維持しなければならないという条件が加われば、その解はもはや「県内移設」以外に見出すのが難しくなる。なぜなら、普天間の現有能力の中には、沖縄における他の海兵隊基地との連携とチームワークによって得られる能力、すなわち必要な時期と場所に、必要な装備と部隊を展開させる能力が含まれるからだ。兵站施設（キャンプ・キンザー）、演習場（北部訓練場、キャンプ・シュワブ等）、飛行場（普天間飛行場）、海軍施設（ホワイトビーチ地区）が、互いに近距離にあり一体的に運用することが、彼らの即応性、効率性を担保している。

したがって、普天間飛行場の機能だけを切り取って、県外に移設するというプランには、少なくとも米国の政策決定者にとってはほとんど現実味がないことになる。

国連軍基地としての普天間

鳩山政権は移設先候補地を選定する期限を2010年5月と設定していた。その期限を目前に控えた3月5日、国会で重要なやり取りがあった。

自民党の佐藤正久が、鳩山に対し普天間が国連軍基地であることを知っているか尋ねたのだ。[50] これに鳩山は「今教えていただきましたことに感謝いたします」と答えた。彼は知らなかったか、あるいはそうとれる応答をした。むろん、知らぬふりをした可能性もある。

鳩山のこの回答に、佐藤は「普天間基地に国連の基地があるということも総理もご存知ない」、「そこも分からなくて普天間基地の移設、これはちょっとおかしい」と詰め寄った。佐藤の追及はその後も続く。いわく「総理と官房長官に普天間基地が国連施設かどうか聞いたら、全然知らないと。えっ、そうなんですかと」、「〔もし〕事務方の方が説明していたら、〔中略〕朝鮮戦争における国連軍の基地をグアムの方に持っていく、これは多分なかなか実現は難しい」ことがわかるはずであり「事務方の方がしっかり総理や、ましてや官房長官に説明しない」のは問題だと、批判の矛先を外務省にも向けた。[51]

鳩山は普天間問題に政権の命運を賭していた。実際、これに躓《つまず》いた鳩山政権は2010年6月に総辞職している。もし本当にこのタイミングで普天間が国連軍基地であることを「知らなかった」とすれば、外務省、防衛省との意思疎通はもとより、主要閣僚とのあいだでも、そして民主党内においてさえ協力体制が十分でなかったことになる。

というのも、遡ること4年前、2006年3月23日、民主党の白眞勲《はくしんくん》は政府に対し、普天間の移設先に「国連軍基地としての性格を引き継ぐのか」どうか、そして「移転先基地の性格及びその法的根拠については、国連軍地位協定の他の加盟国と協議しているのか」を質している。[52] 政府はこれについて、「普天間飛行場の移設に関する具体的内容については、現在、我が国と合衆国との間で協議を行っており、右に述べたこと以外についてはお答えすることができる段階にはない」と回答を避けた。[53] 2006年の時点で民主党内には普天間と国連軍の関係についての確かな知識が存在していたのだ。

さらに、同年4月13日、白は参議院の外交防衛委員会で、政府に対し、「今後どのような手順で国連軍地位協定の締結国に対し説明」するのかと質問した。外務省北米局長の河相周《かわいちか》夫《お》はこれに「合同会議の場で他の締約国と協議をしていくという手順になる」と答えた。[54]

このやり取りはきわめて重要である。普天間の返還・移転に関しては、日米の二国間協議だけでなく、国連軍の他の参加国との協議も必要だということである。米国の一存で基地を返還したり、移転することはできないことを日本政府が認めたのだ。[55] もっとも、普天間基地がもつ国連軍基地としての性格を考えれば、これは当然のことである。しかし、普天間移設の問題を論じる際に、メディア等でこの点が議論されることはない。なお、この時点での在日国連軍関連の実務者協議の場である合同会議の事務局は、日本側は外務省、国連軍側はキャンプ座間の国連軍後方司令部（2007年11月、横田基地に移転）にあった。

さらに、2014年4月、自民党の岸田文雄外務大臣も同様の答弁を行っている。このとき岸田は、普天間の移設先である辺野古の基地もまた国連軍基地に指定されるのかと問われ、「合同会議において合意をすれば使用することが可能」と答えている。そしてこの問題については今後「当事者間」で協議していくと述べた。[56] 米国といわず、「当事者」と表現したのは、協議する相手に、国連軍参加国が含まれているからだろう。

既述した普天間の「十分な代替施設」の条件に鑑みれば、辺野古に新設される基地が今後、新たに国連軍の基地に指定されることはほとんど確実である。辺野古の基地が完成し、十分に運用可能になった段階で、合同会議を開催し、参加国を交えた協議において、国連軍地位協定第5条2項に基づき国連軍基地に指定することになろう。

いかに評価するか

おそらく鳩山自身は政権発足（2009年9月）から半年を経過した2010年3月の段階に至っても、国連軍と普天間の関係について正しく分析できていなかった。鳩山政権は

「東アジア共同体」を唱え、その一環として「常時駐留なき安保」を掲げていた。それを踏まえれば、外務省や防衛省との信頼関係の構築はなるほど容易ではなかったかもしれない。社民党、国民新党と連立を組む鳩山政権の閣内不一致も明らかだった。岡田克也外相、北澤俊美防衛相が、首相が普天間飛行場の県外移設を断念するよう動いたと指摘する向きもある。[57]実際、鳩山はこの問題をめぐって「孤立無援的な状況」にあったようだ。いわく、

〔2010年〕4月に入って防衛省、外務省、内閣官房で、〔中略〕一切表に出さずに秘密裏に、私が考えている方向で最適な結論を見いだすよう努力しようと、官邸の中で誓い合ったのですが、その翌日、朝日かどこかの新聞に記事が載り、秘密会が暴露されている現実を見たときに、防衛省と外務省に協力を求めて進めることはどう考えてもできない話だと自分なりに悟ったのです。[58]

1996年のSACO中間報告のときと比較しよう。このときの首相、橋本は少なくとも国連軍と普天間の関係について認識していた。普天間返還を発表する1ヵ月前の1996年3月13日、橋本は国会で「普天間飛行場というものが、米軍の運用におきましてきわめて重要な役割を担う施設・区域であるということと同時に、国連軍に提供しているという性格も

ありまして、この取り扱いにきわめて慎重な検討を要するということは間違いがありません[59]」と述べている。しかし彼はこれ以後、国会で国連軍の問題に言及していない。

さて、鳩山政権下での普天間の県外・国外移設構想だが、これは実際に平野博文官房長官を中心に40ヵ所ほどの選定が行われていた。しかし、2009年12月頃までは、グアムやテニアンなどの、海外の候補地も検討されていた[60]。しかし、2010年に入ると国外移設は選択肢から消えていく[61]。ただし、連立相手の社民党は、2010年3月に入ってもグアム、テニアン案を主張している[62]。この点、鳩山は次のように述べている。

> グアム・テニアンに移設させることができればと思っていましたし、〔中略〕グアム・テニアンは喜んで海兵隊を引き受けるという意見がありましたが、それについては外務省も防衛省も最初から論外のような状況でした[63]。

なぜ、論外だと考えられたのか。もう少し鳩山の弁をみてみよう。

> 私自身がアメリカの戦略や防衛に関する議論を十分に整理できていなかったという問題もありました。例えば、海兵隊は一体的に運営されなければならず、距離が離れすぎ

ては訓練ができない。したがって、普天間の部隊だけをテニアンに移すことはありえないという話を米側から示された時に、それに対して抗弁できるような、十分な理論立てが私としてはできていませんでした。そのために国外移設については構想の段階にとどまり、外務省や防衛省が相手にせず、アメリカとの真剣な交渉までいかなかったというのが事実です。[64]

不思議なのは、この話に国連軍がまったく出てこないことである。彼は「普天間の話に関しては、アメリカの意向を忖度した日本の官僚がうごめいて、アメリカの意向に沿うように政治を仕向けていったように思えてならない[65]」と、恨み節まで披露している。にもかかわらず、肝心の国連軍に関する言及はない。鳩山は、国連軍の件を意図的に伏せているのだろうか。もちろん、その可能性もなくはない。しかし、この件を伏せれば、政治家としての名誉を回復する千載一遇の機会を逸することになりかねない。それをわかっていながら、政治家を引退して11年が経過した今日までこの件に関する一切の言及がないことはいささか不自然にもみえる。

これらのことを踏まえれば、米国、そして外務省と防衛省は、もとより鳩山政権と普天間移設の再交渉に踏み切るつもりはなく、したがって国連軍の問題についても十分に伝えていなかった可能性がある。米国にとっては、いつ下野するともわからない民主党政府とのあいだで基地の運用にかかわる情報を共有するのは、安全保障上のリスクだと捉えられたのだろうか。一方、鳩山政権の側は、首相自らが認めるように「十分な理論立て」ができていなかったがために、外務省や防衛省、あるいは米側のテクニカルな説明に煙に巻かれたのではないか。

そうだとすれば、２０１０年5月4日のあの敗北宣言、すなわち「学べば学ぶにつけ」の発言も理解できないことはない。海兵隊の抑止力についての認識を得るために8ヵ月も要するなどということはおよそ考えられない。鳩山は最後の最後まで、国連軍の問題については公にするつもりがなかったか、あるいは逆に、なぜ普天間を移設できないのか自分でもよくわからなかったか、そのいずれかだろう。その判断は、のちの研究に委ねたい。

いずれにせよ、鳩山政権がもたらした政治の混乱は、在日国連軍の問題がときの首相にさえ十分に共有されない事態がありえることを、あるいはそうした事態を想定しておかなければならないことを、われわれに教えてくれる。在日米軍基地と在日国連軍基地の問題を考えるうえで、このことは重要だ。

本書の分析と仮説にしたがうならば、鳩山政権下で生じた普天間移設、とりわけ国外移設政策が頓挫した原因は、根本的には普天間が国連軍基地の地位にあることにある。そして、普天間の移設先は１９６５年以降の経緯からしても、米国にとっては辺野古以外にありえない。普天間の移設を実現するための必須の条件は、国連軍基地としての普天間の機能を維持することにある。現在まで続く普天間・辺野古問題を考えるうえで考慮されなければならない視点だろう。

第7章　準多国間同盟の胎動

本章が扱うのは２０００年代から現在までの時期である。この時期、世界の安全保障環境は、米国で同時多発テロが起きた２００１年以降は対テロ戦争に、そして２０１０年代以降は米中、そして米ロの緊張関係に彩られていく。かような戦略環境に対応するため、在日米軍基地の編成にも変化が生じる。「冷戦期型」から「21世紀型」へ、なかんずく２０１０年代後半以降は分散型の機動力が重視され、配置の重心も南西方面へとシフトする。

法制面でも大きな変化がみられた。２０１５年に成立した「平和安全法制」はその一つの象徴だろう。日本国内では集団的自衛権と憲法、あるいは武力行使の一体化の問題に関心が集中した。しかしその陰では、在日国連軍ないし外国軍との関係にも大きな変化が生じた。このときを境に、自衛隊は米軍以外の外国軍に対しても、平時か有事かを問わず様々な支援を行うことが可能になった。ここでいう米軍以外の外国軍とは事実上、在日国連軍参加国の軍隊のことである。かねて国連軍地位協定によって規定されていた参加国の日本駐留の法的根拠は、平和安全法制とそれに続くACSA（物品役務相互提供協定、アクサ）、そして円滑化協定によって「上書き」される。参加国はこれ以降、米国と同様に「二つの顔」、すなわち国連軍のステータスと、外国軍のステータスを使い分けられるようになるのである。

以下では、戦後一貫して潜在していた事実上の多国間安全保障枠組みが次第に顕在化していく現在進行形のプロセスを観察する。まずは2000年代以降の在日米軍の再編の問題を概観し、そのうえで平和安全法制によって生まれた参加国の「二つの顔」をみていこう。

1　配置の変化——米軍再編、本土と沖縄

在日米軍基地の態勢

今日の在日米軍基地の態勢は、大まかに次のようなものである。[1] まず、日本の周辺地域で紛争が起きた場合、その初動を担うのは沖縄の海兵隊と空軍である。嘉手納基地、普天間基地、キャンプ・シュワブ、ホワイトビーチなどの基地がそれに対応する。

朝鮮半島まで航空機を利用する場合、グアムからは5時間、ハワイからは11時間、米国本

土からは16時間である。一方、嘉手納基地からは約2時間である。艦船ではグアムから5日、ハワイから12日、米本土からは17日を要するが、沖縄のホワイトビーチからは1・5日で展開できる。[2] 台湾有事における救出作戦、あるいは中国が宮古島、尖閣諸島などの先島諸島に上陸を試みようとする場合には、沖縄の海兵隊（31MEU）が自衛隊と共同行動をとる。海兵隊の各部隊（地上部隊、航空部隊、兵站部隊等）が沖縄に集結しているのは、そのことが海兵隊の統合性と即応性を担保すると考えられているからだ。

北朝鮮の防空網を無力化するための継続的な航空攻撃を実施する場合、沖縄の嘉手納以外にも、青森県の三沢基地が戦術航空機の出撃拠点としての役割を担う。[3] 38度線以北での大規模地上戦を想定する場合には、横田基地や岩国基地も米本国等からの来援部隊を受け入れる事前集積拠点となる。

インド太平洋地域の「面」において、米軍の抑止力を担保するのが海軍の第7艦隊である。基地は横須賀と佐世保にある。横須賀は空母打撃群、佐世保は揚陸艦による遠征打撃群の母港であり、48時間以内に朝鮮半島へ緊急出動できる。また、それぞれの基地は第7艦隊に質の高い保守・点検機能を提供する。

燃料及び武器・弾薬を貯蔵する兵站機能も重要だ。神奈川県の鶴見貯油所と長崎県の佐世保貯油所（赤崎、庵崎《いおざき》、横瀬）は大規模な備蓄量を誇る。広島県の秋月、川上、広にある米陸軍の弾薬庫にも、自衛隊の保有する総弾薬量を上回る弾薬が貯蔵されている。佐世保の弾薬庫は米海軍のものとしては最大規模である。佐世保には弾薬およそ580万トン、燃料2億1100万ガロンが備蓄されている。これは第7艦隊所属の艦艇およそ70隻が3ヵ月間使っても使い切れない量だとされる。[4] さらに沖縄のキャンプ・キンザー（牧港補給地区）には、1万4400トンの弾薬と5000万ガロンの燃料が備蓄され、第3海兵遠征軍の作戦を支えている。[5]

情報収集機能も欠かせない。[6] 青森県車力《しゃりき》にあるXバンドレーダーは、米本土に向かう北朝鮮や中国の大陸間弾道ミサイルの探知を目的としている。Xバンドとは、移動中の物体を捕捉するのに適した8〜12・5ギガヘルツの周波数帯のことである。北朝鮮や中国が米本土西海岸に向けて、大陸間弾道ミサイル（ICBM）を発射する場合、車力は飛行コースの直下に位置する。また、嘉手納には海軍の偵察飛行隊や空軍情報隊が駐留し、太平洋軍及び中央軍の担当地域で作戦中の電子情報収集機、早期警戒機を支援する。[7]

こうした態勢の基本的な骨格は、2000年代以降の「米軍再編」によって再調整されたものである。[8] 9・11テロ直後の2001年9月30日、米国は「4年ごとの国防計画の見直し」（QDR 2001）を発表、米軍の基本戦略を「脅威ベースアプローチ」から「能力ベースアプローチ」へと転換させた。前者は、紛争が起こりうる地域を事前に予測し、特定の脅威を封じ込めるために、脅威の近くにあらかじめ兵力を前方展開しておくものである。これは主権国家間の大規模通常戦争を想定した、いわば「冷戦型」の戦略である。一方、後者は不特定の脅威による、あらゆる事態に備えた能力を重視し、東アフリカから中央アジア、東アジアまでの「不安定の弧」に配備される機動的兵力を有事に緊急展開するものである。これは「ならず者」国家や国際テロ組織等の非国家主体による予期しえない非対称的な攻撃に対応する「21世紀型」の戦略である。

在日米軍基地の再編

グローバルな米軍再編のなかで、在日米軍基地に関連するものとしては、2005年10月の「日米同盟——未来のための変革と再編」と2006年5月の「再編実施のための日米のロードマップ」（ロードマップ合意）の二つの方針がある。[9]

(1)沖縄の負担軽減

両方針が示される直前の2004年8月13日、沖縄県宜野湾市にある沖縄国際大学に海兵隊のヘリコプターが墜落、炎上する事故が起きた。これにより沖縄県民の反基地感情は高まった。2003年11月16日には、ラムズフェルド（Donald Henry Rumsfeld）国防長官が普天間基地を視察し、「早くどこかに移転する必要がある」との認識を示した。[10]
こうした事情もあり、ロードマップ合意では第6章でみたとおり、普天間基地の移設先をキャンプ・シュワブ沿岸部とすることで合意が図られた。また、嘉手納基地のF－15戦闘機訓練の一部を日本本土へ移転すること、普天間の機能の一部を山口県の岩国基地に移転することが決まった。具体的には、普天間所属のKC－130空中給油機12機と海兵隊員300人を岩国へ、鹿児島の海上自衛隊鹿屋《かのや》基地にも訓練の一部を移すとされた。
また、沖縄の海兵隊第3海兵遠征軍司令部をグアムに移転し、残りの海兵隊部隊を海兵遠征旅団に縮小する。それによって海兵隊員、約8000人（及びその家族約9000人）を削減することも決まった。[11]
これに対しては、海兵隊の抑止力の低下を招くのではないかとの声もあったが、米太平洋軍司令部は「必要があれば短時間でグアムから沖縄へ司令部を戻す」[12]として、そうした懸念を打ち消した。なお、海兵隊移転に伴って生じるグアムでの基地の建設・整備費（102・7億ドル）のうち、日本はそのおよそ半分の60・9億ドルを負担することになった。[13] 同計画は進行中であり、2024年度中に4000人の海兵隊員が沖縄からグアムに移ることになっている。[14]

⑵基地の共同使用

在日米軍基地再編の影響は日本全国に及んだ。再編の目玉の一つが米軍と自衛隊の基地の共同使用にあったからである（自衛隊の基地は全国にある）。米国は自衛隊との基地の共同使用が日米双方の「活動における緊密な連携や相互運用性の向上に寄与する」[15]と考えていた。具体的には、横田基地への航空自衛隊航空総隊司令部及び関連部隊の移動、キャンプ座間への陸自中央即応集団司令部の移動、ＫＣ－１３０空中給油機の海上自衛隊鹿屋基地への移動、緊急時における空自新田原及び築城《ついき》基地の米軍使用、その他、嘉手納及びキャンプ・ハンセン等の自衛隊による使用などが挙げられた。このときに進められた基地の共同使用の拡大が、のちに深化する自衛隊と米軍の一体運用、統合抑止等の概念を支える重要な基盤となる。

⑶負担の再分配

自治体の基地負担にも変化が生じた。それが顕著だったのは、山口県の岩国市だろう。争点となったのは、厚木に展開する空母艦載機の岩国基地への移駐である。具体的には、空母艦載機等が59機、米軍人ら約１９００人が２０１４年までに岩国に移る計画だ。加えて、岩国には先述のように普天間から空中給油機など12機、軍人ら３００人が移駐することになっていた。そのため岩国基地では沖合拡張による滑走路建設、空母が接岸可能な軍港機能の追加、滑走路を増設するためのメガフロート建設などが計画されることになる。
問題はそれだけではなかった。空母艦載機部隊の活動と対になる訓練部分、すなわち陸上空母離着陸訓練（Field Carrier Landing Practice：ＦＣＬＰ）の移転問題である。ＦＣＬＰは空母艦載機が地上の滑走路を空母の甲板に見立てて離着陸を繰り返す訓練である。これには激しい騒音が伴う。厚木では１９８２年から約10年間、ＦＣＬＰが実施されていた。米軍にとってそれはパイロットの練度を維持する重要な訓練だった。
しかし、厚木基地（大和市、綾瀬市）の周辺は人口密集地であり、度重なる騒音訴訟では国に賠償を命じる判決が出ていた。[16] そこで政府は１９８３年以降、厚木に代わる代替施設の検討を行い、伊豆諸島の三宅島《みやけじま》等を候補としたものの、地元の理解を得ることができなかった。１９９１年以降は暫定的に硫黄島《いおうとう》をＦＣＬＰのための基地としてきたが、厚木基地からは約１２００㎞の距離にあり、米側からは利便性や安全性の面で不満の声が上がっていた。[17]
厚木基地を抱える神奈川県は、今次の再編でさらなる基地負担を求められていた。米西海岸ワシントン州フォートルイスにある米陸軍第1軍団司令部のキャンプ座間（座間市、相模原市）への移転である。地元はこれに反発した。ただでさえ、神奈川県にはすでに15の米軍基地があり（現在は12）、基地の数や面積でいうと、沖縄に次ぐ負担の大きさだった。そのため米側からは神奈川県の理解を得るための交換条件として、厚木の空母艦載機部隊をどこかに移転させる「神奈川パッケージ」が提示された[18]。つまり、キャンプ座間で足す代わりに、厚木で引くということである。

そこで移転先として白羽の矢が立ったのが、保守王国の山口県にあり、すでに1997年より滑走路の沖合移設工事が行われていた岩国基地だった。当初、岩国市はさらなる基地負担を嫌い、これに強く反対した。しかし紆余曲折の末、最終的には受け入れを決めた。その結果、厚木の空母艦載機部隊は2017年8月より岩国へと移駐を開始、2018年3月に完了した。

懸案のFCLPの移転先は、鹿児島県西之表市の馬毛島に決まった。地元との交渉は難航したものの、2021年1月7日に開かれたSCC（日米安全保障協議委員会）で、少なくとも政府レベルでの合意をみた。現在、馬毛島では自衛隊施設の建設が進められており、2025年度中にも米軍のFCLPが開始される予定である。

⑷基地機能の分散――脆弱性の克服

進行中の米国の新たな戦略コンセプトにも触れておこう。背景にあるのは、米国と中国の緊張関係である。2017年12月、トランプ（Donald J. Trump）政権は国際社会における大国間競争が復活したことを公式に宣言、翌年には中国とロシアを国際秩序の変更を企図する

「修正主義国家」とよんだ。[19] バイデン（Joseph R. Biden）政権もまた、現時点で中国を国際秩序の刷新を図る「競争者」として位置づけている。[20]

　米国が近年、神経をとがらせているのが、中国の中・長距離ミサイル能力の強化である。これは米軍基地の脆弱性に直結する問題である。在日米軍基地、なかでも広大な空軍基地や港湾などは中国のミサイル攻撃の格好の標的となる。米国のシンクタンク戦略国際問題研究所（Center for Strategic International Studies：ＣＳＩＳ）も２０２３年１月、嘉手納や岩国、横田、三沢の空軍基地の脆弱性に警告を発した。[21] いわく、ひとたび台湾有事が起きれば、中国の弾道ミサイルや巡航ミサイルが、それらの施設に対して壊滅的な打撃を与え、地上に駐機する数百の米軍機及び自衛隊機を破壊できるという。

　こうした脆弱性を克服するため、空軍はＡＣＥ（Agile Combat Employment：機敏な戦闘運用）とよばれる新たな戦略コンセプトを採用している。[22] それは複数の飛行場などに戦力を分散させ、基地の抗堪性《こうたんせい》（敵の攻撃に耐えて、その機能を維持する性能）を強化し、潜在的敵国による攻撃や情報収集・警戒監視・偵察を困難にしようとするものである。戦力の分散先となる飛行場が多くなるほど、中国やロシアの攻撃をかわしやすくなり、米空軍にとっては作戦上の選択肢が増えることになる。具体的には、航空施設が充実した基地とそうでない基地などを組み合わせて運用し、施設を堅牢化するだけでなく、分散された基地に物資・装備の事前集積を行うことが、この構想の肝である。

在日米軍の文脈でいえば、米軍機を航空自衛隊の施設、あるいは民間飛行場へと分散退避させるということである。近年、新田原（宮崎県）や築城（福岡県）、あるいは岩国や百里（茨城県）などの航空自衛隊基地で、米軍と自衛隊の共同訓練が活発化しているのはその一つの表れである。

海兵隊も同様である。彼らの新たな戦略コンセプトもまた「分散」がテーマである。[23] 2019年以降、海兵隊及び海軍は島嶼戦を意識したスタンド・イン・フォース、ないし遠征前方基地作戦構想（Expeditionary Advanced Base Operations：EABO）のコンセプトを打ち出している。[24] どちらも基本的な考え方は同じで、小規模かつ機動的でステルス性の高い自律的な部隊を島嶼地域に分散配備するというものである。[25] 2022年3月にはこれらの概念を具体化する海兵沿岸連隊（MLR）がハワイで編成され、2023年11月には沖縄に同部隊（第12海浜沿岸連隊）が設置された。石垣島や宮古島での自衛隊の基地機能の新編や強化も進んでいる。

ここで重要なのは、こうした米軍の構想は南西諸島の複数の地域に海兵隊のアクセスが保証されることが前提となっていることである。言い換えれば、この戦略の実行には基地を受け入れる地元の理解が不可欠なのだ。すでに石垣島や宮古島、あるいは奄美大島には陸上自衛隊のミサイル部隊が配備されている。将来的にはそれらの基地で米軍との統合運用や共同訓練が実施される可能性も否定できない。そうした動きについて日本国内では中国を過度に刺激し、紛争への巻き込まれのリスクを高めるものとして警戒する向きもある。

2 平和安全法制――米軍「等」への支援

次にみるのは、平和安全法制である。第6章でみた朝鮮半島核危機(1993~94年)を思い出されたい。あのとき米国は日本に対して、燃料や物資・武器・弾薬の補給、朝鮮半島周辺での機雷掃海、情報収集、米艦防護など1900項目に及ぶ支援を要請した。[26] ところが、日本はそのほとんどについて国内法の未整備ゆえに対応できなかった。[27] この反省を踏まえて進められたのが、1997年の日米ガイドライン(日米防衛協力のための指針)の改定であり、1999年の周辺事態法だった。

2015年の平和安全法制はその仕上げにあたるものである。このとき、そこに重要な要素が加わった。「米軍等」である。

経緯と射程

２０１４年7月1日、日本政府は安全保障法制の整備のための基本方針を閣議決定し、集団的自衛権の限定的な行使を含む、武力行使の「新三要件」を定めるに至った。繰り返せば、集団的自衛権とは、自国と密接な関係にある外国に対する武力攻撃を、自国が直接攻撃されていないにもかかわらず実力をもって阻止する権利のことである。これは従来の政府見解では、憲法第9条の下で許容される必要最小限度の自衛の措置の範囲を超えるものであり、許されないとされていた。[28]

２０１５年4月27日には、日米間で新たなガイドライン（日米防衛協力のための指針）が合意された。[29] 直後の5月14日、政府は「平和安全法制整備法案」と「国際平和支援法案」を閣議決定し、国会に提出、同年9月19日に成立した。これら2法を総称し、日本政府は「平和安全法制」とよんでいる。

以下、平和安全法制について二つの問題を提起する。一つが、集団的自衛権の問題である。もちろん、ここで行うのは憲法論ではない。集団的自衛権と在日米軍基地の関係をめぐる政治の問題である。あえて問うならば、この集団的自衛権は、本当に集団的自衛権とよばなければいけないものなのか、ということだ。

もう一つは、国連軍の「二つの顔」である。注目されることは少ないが、平和安全法制では自衛隊による外国軍への兵站支援が可能になった。言うなれば、これまで吉田・アチソン交換公文、ないし国連軍地位協定によって規律されていた在日国連軍への支援が、事実上、平和安全法制によって補強されたということである。当時、国会やメディアの関心はもっぱら集団的自衛権の憲法適合性の問題に集中していた。その反作用だろうか。同法制がもつ「外国軍支援法」としての横顔は死角に入ってしまった。[30]

集団的自衛権

日米安全保障条約において日米両国が非対称な関係にならざるをえない根本的な理由は憲法にある。日本が「軍事力」を有していないと解されること、そして集団的自衛権を行使できないと解されることが、米国との関係性を少なくとも条約上、対等にすることを困難にする。日本はヴァンデンバーグ決議（日米の「相互援助」を基礎づける、アメリカ上院の決議）を十分に満足させること（相互に集団的自衛権を行使し、互いの防衛を支援すること）ができない。だから日本から米国への基地提供の形態は他国に類例をみないような形式（排他的管理権、全土基地方式等）になる。かような歴史的経緯を踏まえれば、集団的自衛権、すなわち日本による他国防衛の問題は、日本の安全保障の根幹に触れるものである。この部分に実際に触ったか、あるいは触ろうとしたのが平和安全法制だ。

(1)存立危機事態の新設

同法制では、日本と「密接な関係にある他国に対する武力攻撃が発生し、これにより日本の存立が脅かされ、国民の生命、自由及び幸福追求の権利が根底から覆される明白な危険がある」状態のことを「存立危機事態」とよんでいる。そして、かような事態に対処する際に、当該の危険を「排除し、我が国の存立を全うし、国民を守るために他に適当な手段」がなく、さらに「必要最小限度の実力行使にとどまる」場合に、自衛権を行使できるとしている。そこで行使する自衛権をあえて国際法上の概念で整理するならば、限定的な集団的自衛権とよんでも差し支えない。これが政府の立場である。[31] 奥歯に物が挟まったような物言いだが、そうなるのには後述のように理由がある。

いずれにせよ、従来の武力攻撃事態（狭義の日本有事）に加えて、この存立危機事態においても自衛隊による武力行使が可能となった。この点が、平和安全法制においてもっとも注目された変更点である。[32]

(2)論理構成

もう少しみてみよう。従来、政府は、日本国憲法は自衛の措置をとること自体は禁じていないものの、それは、外国の武力攻撃によって国民の生命、自由及び幸福追求の権利が根底から覆されるという急迫、不正の事態に対処し、やむを得ない措置として容認されるものであり、自衛の措置は必要最小限度の範囲にとどまるべきである、と考えてきた（1972年10月14日閣議決定）[33]。このことから、憲法が認めるのは、日本に対する急迫、不正の侵害への対処に限られるものであり、したがって、他国に対して加えられた武力攻撃を阻止する権利としての集団的自衛権の行使は憲法上認められない、と整理してきた。

今回、問題となったのは、この従来の政府見解との整合性だった。政府はこれにどう対処しようとしたのか。まず重要な点だが、政府は、平和安全法制では従来の政府見解の基本的な論理構成は維持される、との立場をとっている。そのうえで限定的な集団的自衛権の行使は認められる、との一見矛盾するかのような立場をとる。どういうことか。

政府が援用したのは、上記1972年10月14日の政府見解の前段、すなわち憲法は「自国の平和と安全を維持しその存立を全うするために必要な自衛の措置をとることを禁じているとはとうてい解されない」の部分である。それを取り出し、活かしたうえで、近時の日本を取り巻く安全保障環境の変化によって、「他国に対する武力攻撃でも、我が国の存立を脅かすことも起こり得る」と、その事実認識を改める。そこから後段の結論部分（右に示した二重線部）を変更し、「我が国と密接な関係にある他国に対する武力攻撃が発生し、これにより我が国の存立が脅かされ、国民の生命、自由及び幸福追求の権利が根底から覆される明白な危険がある」場合にも一定の武力の行使を可能とする、との理屈を導く。安全保障環境に関する事実認識が変更されたことで、結論部分のあてはめが一部変更になった、ということである。[34]

これにより日本は、国際法上は集団的自衛権とよばれるものを限定的であれ行使できるようになった。そして、それに伴い自衛隊による武力行使を認める要件が次のように変更された。

〈旧三要件〉
- 我が国に対する急迫不正の侵害があること
- これを排除するために他の適当な手段がないこと
- 必要最小限度の実力行使にとどまるべきこと

〈新三要件〉
- 我が国に対する武力攻撃が発生したこと、又は我が国と密接な関係にある他国に対する武力攻撃が発生し、これにより我が国の存立が脅かされ、国民の生命、自由及び幸福追求の権利が根底から覆される明白な危険があること

・これを排除し、我が国の存立を全うし、国民を守るために他に適当な手段がないこと
・必要最小限度の実力行使にとどまるべきこと

(3)他国防衛と自国防衛の交差

ここで問題になるのは、かような定義をもつ集団的自衛権が、本当に集団的自衛権とよばなければならないものなのかどうかである。

1972年の政府見解から2015年の平和安全法制までのあいだ傍線で示した事態、すなわち「外国の武力攻撃によって国民の生命、自由及び幸福追求の権利が根底から覆されるという急迫、不正の事態」への対処は、集団的自衛ではなく、個別的自衛の範疇だとされてきた。

一方、平和安全法制で「集団的自衛権」の行使が可能だと整理された事態もまた、日本の「存立が脅かされ、国民の生命、自由及び幸福追求の権利が根底から覆される明白な危険がある」事態である。これは集団的自衛とみることもできようが、従来の個別的自衛とみることもできるものである。

そもそも集団的自衛権とは、日本の安全が脅かされるかどうかとは無関係に発動されるものである。要は他国防衛であり、自国防衛ではない。ところが、中谷元《げん》防衛大臣（当時、安

全保障法制担当）は国会の場で、日本が行使する集団的自衛権は他国を防衛すること自体を目的とするものではないと述べている。[35] 他国防衛ではない集団的自衛という直観的にはわかりにくい整理が出てくる。さらに中谷は現実の安全保障環境を踏まえれば、存立危機事態（集団的自衛権を行使できる事態）に該当するような状況は同時に武力攻撃事態等（個別的自衛権を行使できる事態）にも該当することが多いとも述べる。[36] つまり中谷のいう集団的自衛とは、他国防衛と自国防衛が重なる領域だということである。

⑷米国統治下の沖縄防衛

このように政府が他国防衛と自国防衛が重なる事態への対応に苦慮するのは今回が初めてではない。じつは日本が国際社会に復帰した直後の１９５０年代初頭から、のちに存立危機事態として整理されることになる事態が生じた場合には、集団的自衛権ではなく、個別的自衛権が発動されるとの立場をとっていた。そこでの争点は沖縄だった。旧日米安全保障条約の締結時に外務省条約局長だった西村熊雄は、当時米国統治下にあった沖縄（すなわち、日本と密接な関係にある「他国」）が万が一、他国に攻撃された際に日本が自衛権を発動できるかどうかについて、こう考えていた。[37]

沖縄のような至近な、日本の安全に緊密な関係のある地域に対する武力攻撃は、当然、日本国の安全に対する攻撃であって、これに対し日本は日本の自衛権を発動して対処することができる。

むろん日本はこのとき沖縄に「潜在主権」（施政権は米国にあるが、形式上の主権は日本にある）をもっていた。しかし、西村によればここでの自衛権の行使はその問題、すなわち沖縄が外国かそうでないかとは無関係に生じるものだった。西村いわく、仮に沖縄が日本から地理的に遠く離れたところ（たとえば、日本の旧委任統治領があった南太平洋諸島）にあったとする。そして、同地を米国が統治しているとする。この場合、日本は「そんな遠隔なところにある沖縄に対する武力攻撃」に対して個別的自衛権を発動することはない。つまりこの問題は、沖縄の潜在主権がどこにあるかではなく、沖縄に対する武力攻撃を、沖縄を含まない日本に対する武力攻撃と認めていいかどうかという問題だということである。

この議論を現代の用語に置き換えれば、外国（当時）である沖縄への武力攻撃が存立危機事態にあたるかどうか、ということになろう。こうした事態に1950年代の日本政府は個別的自衛権を発動して、密接な関係にある他国である沖縄を防衛できると考えていた。その理屈を踏襲するならば、平和安全法制によって存立危機事態だとされる事態は、集団的自衛権ではなく、個別的自衛権の枠内でも対処可能なのだ。

(5)憲法の制約と安全保障上の要請

では、なぜ政府は２０１５年に、あえて集団的自衛権の概念を持ち出したのだろうか。この点、岸田文雄外務大臣（当時）は「個別的自衛権で対応できるのは特定の状況の極めて例外的な場合であり、我が国の防衛に必要な状況下で常に対応可能なわけではない」[38]との認識を示していた。先のガイドライン（２０１５年４月）での米国と合意を遵守するうえで、従来の個別的自衛権はいかにも窮屈だったのだろう。その一方で憲法にも触らないとすれば、従来の政府見解との整合性を担保するには大胆な工夫が必要だった。

この難問を解く鍵が、自国防衛と他国防衛が直交する領域において、従来は個別的自衛とよばれてきたものを「限定的な集団的自衛」とよびなおすことだった。思い出されたい。安保改定のときもこれとよく似たことがあった（第3章）。米軍基地防衛の問題である。あのときも政府は、日本が在日米軍基地を防衛することを、米国向けには事実上の集団的自衛の問題として、国内向けには個別的自衛として整理した。当時、岸首相自身も米軍基地防衛が集団的自衛権の問題として位置づけられねばならないことを理解していた[39]。しかし国内政治上、国会でそれを説明することはできなかった。そのため、外向きと内向きの説明を分けた。

「日本の中の外国」である米軍基地の防衛は、当時も今も、個別的自衛権と集団的自衛権が重なる領域にある。

このように「個別」と「集団」の二つの自衛権をめぐる政府の二枚舌は、これまでも歴史の重要な局面で、憲法の制約と安全保障上の要請を同時に満たす便法として現れてきた。米国のヴァンデンバーグ決議（日米の「相互援助」）と日本国憲法9条（武力行使の制約）のトレードオフは、戦後日本の安全保障政策が抱える深刻な矛盾の一つである。

「米軍等」とは何か

いずれにせよ平和安全法制により日本が自衛権を行使する対象に「密接な関係にある他国」が含まれた。では「密接な関係にある他国」はどこの国を指すのか。政府の説明では、それは「外部からの武力攻撃に対し、共通の危険として対処しようという共通の関心を持ち、我が国と共同して対処しようとする意思を有する国」[40]である。そうであれば、米国はいうに及ばず、在日国連軍の参加国、なかでも英国、豪州、フランス、カナダなどは、歴史的経緯に照らしてもそれに該当しよう。

しかしながら、日本が仮にそれらの国に対して集団的自衛権を行使する場合、彼らは国連軍の帽子を脱いでいなければならない。というのも、国連軍として動く場合には平和安全法制ではなく、従来どおりの吉田・アチソン交換公文や国連軍地位協定が適用されるからである（むろん、その場合の日本からの支援は限定的なものになる。たとえば、国連軍基地を兵站目的で使用することが認められ、必要とあれば日本の民間業者から物資やサービスを調達できる。これは自衛隊を用いた集団的自衛権の行使とは分けて考えられている）。別の見方をすれば、参加国はここにきて米軍と同様、「二つの顔」をもつことになった。彼らは時々の状況に応じて、国連軍として行動するのがよいのか、それとも日本と「密接な関係にある他国」として行動するのがよいのか判断できるようになったということだ。

したがって、日本としてはこの「二つの顔」をもつ米軍と参加国に対して、複雑に絡み合うそれぞれの法体系を整理し、平時から有事に至るあらゆる場面で、彼らに支援を提供するスキームを用意しなくてはならない。従来、日本が外国軍の活動を支援する法的根拠は基本的には国連軍地位協定か吉田・アチソン交換公文しかなかった。平和安全法制はそれに代わる、あるいはそれを補足するための重要なスキームになる。

(1)法改正

平和安全法制の一つの核心は「米軍等」にある。関連する法律としては四つ、重要影響事態安全確保法、自衛隊法、事態対処法、そして米軍等行動関連措置法である。今回の改正でそれらの法律には「米軍等」の語が加わった。

まず、重要影響事態安全確保法である。これは日本の危機を示す黄色信号を、赤信号ではなく、青信号に戻すためのものである。[41]具体的には、日本の平和及び安全に重要な影響を与える事態、すなわち重要影響事態（有事に近い、平時）が起きた際に、「米軍等」への支援を実施することを約束する。

重要影響事態は、それまでは周辺事態とよばれていたものである（「周辺事態法」、１９９９年５月）。周辺事態とは「そのまま放置すれば我が国に対する直接の武力攻撃に至る恐れのある事態等我が国周辺の地域における我が国の平和及び安全に重要な影響を与える事態」を指す。そこから「我が国周辺の地域における」を削除し（すなわち地理的制約が外れ）、それを重要影響事態とよぶことにしたのが、重要影響事態安全確保法である。支援の範囲も拡大し、それまで禁止されていた弾薬の提供も可能とした。また宿泊、保管、施設の利用、訓練についての役務提供が追加されたことにより、自衛隊と外国軍との連携の幅も拡大した。

自衛隊法の第95条には、あとで詳しくみる武器等防護、すなわち「米軍等」の部隊の艦船や航空機等の防護が追加された。事態対処法には、武力攻撃事態（日本有事）における米軍と外国軍、そして存立危機事態（日本有事と他国有事が重なる事態）における米軍と外国軍に対する支援活動が追加された。

事態対処法の内容を規定する個別法もみておこう。まず、米軍等行動関連措置法である。これはもともと米軍行動関連措置法という名称だったが、そこに「等」が加わった。改正前の米軍行動関連措置法は、武力攻撃事態等において米軍の行動が円滑かつ効果的に実施されるための措置などについて規定していた。それが今回の改正では、武力攻撃事態等に対処する外国軍や、存立危機事態に対処する外国軍に対する支援活動が追加された。特定公共施設利用法の改正では、有事の際に外国軍が港湾、飛行場、道路、海・空域、電波などを優先的に利用できるようになった。

これら一連の法改正によって、平時から有事に至るあらゆる場面で自衛隊と米軍、そして外国軍が共同オペレーションを行うことが可能になった。先にみた集団的自衛権の問題はあくまでも有事の話だった。しかし、有事に至るのを回避し（敵の行動を抑止し）、あるいは有事にあって敵の武力攻撃を排除するには、平時から同盟国やパートナー国との協力関係を構築しておかなければならない。平時の協力関係の構築もまた今次の法改正の重要な目的である。

(2)武器等防護

平時の協力を象徴するのが、すでに触れた武器等防護である。これは2015年4月の新ガイドラインとの整合性を図るために設けられたものである。新ガイドラインでは、武器等防護ではなく「アセット防護」という言葉が用いられていたが、意味するところは同じである。日本側でそれを実施するための法整備を行い、さらにその対象に外国軍を加えたのが、平和安全法制にいう武器等防護、すなわち自衛隊法95条の2の新設である。これは米軍や外国軍の装備を守るために、自衛隊が平時に武器を使用できるようにする規定である。

武器等防護の対象となる外国軍は「あらかじめ特定していないが、〔中略〕我が国と密接な協力関係にある国におのずから限られる」[42]。当然、在日国連軍の参加国はそこに含まれる。安倍首相はこの点、「国連憲章の目的の達成に寄与する活動を行っている軍隊等との連携を強化することが不可欠」としている[43]。在日国連軍の活動は、それそのものである。実際、安倍は（在日国連軍の主力である）豪州を名指しし、武器等防護の対象として「当然該当し得る」と述べている[44]。

「武器等」というと抽象的だが、要するにこれは米軍や外国軍が保有する車両、艦艇、航空機、武器、弾薬、火薬、通信設備または液体燃料などのことである。これらを自衛隊が守るということである。政府はこの「武器等」を、日本の「防衛に資する活動に現に用いられているもの」であり、したがって日本の「防衛力を構成する重要な物的手段に相当する」ものと整理する。つまり、それらの武器は日本の防衛力そのものであり、したがって、それを守ることは他国防衛を意味しないということだ。先述の「米軍基地防衛は個別的自衛権の行使」とよく似た論理構成である。

そもそも武器等防護はいわば平時の「警察権」の行使であり、有事を対象にしたものではない。[45]なるほど自衛隊法95条の2には、戦闘行為の現場で行われるものを除く旨が規定されている。したがって、右に挙げた「武器等」を武力攻撃に至らない侵害から自衛隊が防護するのが、武器等防護ということだ。仮に、戦闘行為が行われていれば、次のフェーズである存立危機事態に移行する。そうなれば今度は「警察権」ではなく、自衛権が行使される事態に至る。

これらを踏まえたうえで、武器等防護が行われる具体的な状況としては、①重要影響事態において行われる輸送、補給等の活動、②情報収集・警戒監視活動、③自衛隊と米軍・外国軍の共同訓練、が挙げられている。[46]たとえば、近年日本を含む米国の同盟国及び同志国による日本近海での共同訓練が増加しているが、当該活動に従事する外国軍は武器等防護の対象になりうるということだ。

3　ＡＣＳＡと円滑化協定——国連軍か、それとも外国軍か

平和安全法制によって在日国連軍の参加国は、国連軍の立場でいくのが得か、それとも外国軍の立場でいくのが得かを判断できるようになる。その際のもう一つの判断基準を提供するのが、ＡＣＳＡ（アクサ）と円滑化協定である。

２０１６年以降、政府は平和安保法制の実効性を担保するために、平時から外国軍と調整を行うための体制づくりに着手した。キーワードは、「モノの貸し借り」と「ヒトの出入り」である。自衛隊と外国軍（米軍含む）が共同訓練や共同作戦を行う場合、まず必要になるのが物資やサービスの融通であり、また兵員等の往来である。

他国軍と行動をともにするうえでは、通関手続きを容易にし、かつ兵員等の身分保障を行わなければならない。そうやって日本に入ってきた外国軍とのあいだで必要な物資やサービスをお互いに提供し合う。そのための手続きを一本化しようとするのが、ＡＣＳＡと円滑化協定である。ＡＣＳＡがモノ担当、円滑化協定がヒト担当と考えればよい。両者は車の両輪である。

図7－1　陸上自衛隊（右端）とインド軍（左）の共同訓練
滋賀県饗庭野演習場、2023年2月28日

ＡＣＳＡ（物品役務相互提供協定）――モノのやり取り

ＡＣＳＡ（Acquisition and Cross-Servicing Agreement）は、自衛隊と他国軍とのあいだで物資や役務を融通し合うための協定である。具体的には、食料、燃料、弾薬、輸送、医療などを相手に提供する際の決済手続き等の枠組みである。一般的には、物資の提供にかかる決済は当該物資を返還し、それができない場合には同種、同等及び同量の物資を返還する。あるいは、それもできない場合に通貨により償還する。つまり、物々交換が基本である。

米国とのあいだでは１９９６年に最初のＡＣＳＡが締結されている。その後３度の改定を経て、平和安全法制後の２０１７年に現在のＡＣＳＡが発効している。最初が１９９６年とはいくぶん遅い印象を受けるが、これは戦後しばらくのあいだ米側が自衛隊に対して兵站分野での支援を期待していなかったためである。そもそも米軍は自前の兵站部隊を日本に展開しており、自衛隊との共同活動の範囲も限られていた。[47] しかし、冷戦後に自衛隊との連携や共同活動が日常化していくなかで、米軍から自衛隊への支援の要請が質量ともに増加した。その対応に追われる現場の負担を減らすために締結されたのがACSAである。

(1)国連軍地位協定の限界

米軍以外の外国軍とのACSAについてはどうか。繰り返すが、まず平和安全法制によって自衛隊の外国軍に対する支援が可能になった。それまでの周辺事態法（1999年）は、米軍以外の外国軍への支援を認めていなかった。[48] 仮に一部の外国軍（たとえば、豪軍や英軍）が国連軍として動く場合には、国連軍地位協定上は在日米軍からの提供に期待するか、あるいは日本の民間業者から物資やサービスを調達するしかなかった。[49] 傷病者の医療、給油、給水などの調達行為にかかる費用は、参加国自身がもつということである。[50]

参加国は国連軍基地としての米軍基地には入れるが、自衛隊基地には入れなかった。もちろん、合同会議で合意がなされれば自衛隊基地も、あるいは日本の自治体が管理する空港等の施設も国連軍基地に組み込まれる可能性はある。いずれにせよ、国連軍地位協定を使って日本ができる支援はごく限られていた。

これでは米軍とのあいだにかなりの待遇の差がある。平和安全法制はそれを解消するものだった。参加国の側からみれば、国連軍の帽子を被らなければ、自分たちは「米軍等」のステータスとなり平和安全法制の対象となる。つまり、日本ないし自衛隊の公的な支援を受けられる。言うなれば、たんに兵站のために米軍基地を使ってよいというのが国連軍地位協定であり、自衛隊基地の内外で日本の支援を受けられるのが平和安全法制である。参加国からみればこういう待遇の違いがある。

(2)「瀬取り」への対応と国連軍の起動

２０２３年時点で日本は、米国、豪州（２０１３年）、英国（２０１７年）、カナダ（２０１９年）、フランス（２０１９年）、インド（２０２１年）とのあいだでＡＣＳＡを締結している。このうちインドを除く５ヵ国が在日国連軍である。ＡＣＳＡの締結にあたっては在日国連軍の優先順位が高いようにみえる（現時点で在日国連軍、すなわち日本と国連軍地位協定を締結している国は、米国、豪州、英国、カナダ、フランス、イタリア、ニュージーランド、フィリピン、南アフリカ、タイ、トルコの11ヵ国である）。

ＡＣＳＡ締結の一つの背景には、北朝鮮による「瀬取り」への対応がある。上記６ヵ国はいずれも瀬取りの警戒監視活動に参加するために東シナ海に航空機及び艦船を派遣している。

遡ること２０１７年８月、国連安全保障理事会は北朝鮮産の石炭の全面禁輸を決定し、同年12月に北朝鮮への原油の供給量に上限を課した。しかし、北朝鮮にはこれらの制裁をかいくぐり、石油製品や石炭を不法に輸出入しているとの疑惑がある。そうした事案は政府によれば２０１８年から21年までに計24回、確認されている。[51]

こうした状況を踏まえて、２０１７年11月28日、ティラーソン（Rex Tillerson）米国務長官は「米国はカナダと連携して国連軍派遣国の会合を開催し、韓国、日本など影響を受ける主な国々を加え、北朝鮮が国際平和に与える脅威に国際社会がいかに対抗できるかを協議する」との声明を発した。[52]北朝鮮の脅威に対抗するスキームとして「国連軍」を持ち出したのである。そして２０１８年１月16日、カナダのバンクーバーで事実上の国連軍会合ともよべる外相会議を開催した。[53]そこに参加した20ヵ国は、北朝鮮による瀬取り等への対応を強化することで合意した。国連軍のスキームが「再起動」したかにみえる瞬間だった。

この合意に基づき、米国、豪州、英国、カナダ、フランス、ニュージーランドは以降、たびたび東シナ海等に航空機及び艦船を派遣し、警戒監視活動を行っている。そこで使用されている基地は在日国連軍基地である。第５章でも触れたが、沖縄では２０１８年４月から２０２２年10月にかけて、英国、豪州、フランス、ニュージーランド、カナダが、国連軍のステータスで普天間と嘉手納を計23回使用した。

沖縄以外でも、たとえば２０２１年９月には、英海軍のクイーン・エリザベスを旗艦とする空母打撃群が、北朝鮮の瀬取り対応のために国連軍基地である横須賀と佐世保に主として国連軍地位協定を根拠に寄港している。こうしたことから近年、在日国連軍の動きが活発化していることは疑いがない。過去と比較してもそれは一目瞭然である。たとえば１９９７年から99年にかけて在日国連軍基地に入った参加国の艦船は、わずか７隻に過ぎなかった。[54]

(3)切り替え──ＡＣＳＡと国連軍地位協定

重要なのは、ＡＣＳＡは締約国の軍隊が国連軍として活動する場合には適用されないことだ。[55]たとえば、日豪ＡＣＳＡ第６条は、国連軍として行動する豪軍が実施するいかなる活動にも同協定が適用されないと規定している。なぜなら、国連軍としての豪軍は自衛隊基地ではなく、国連軍基地である在日米軍基地を使用しなければならないからである。そして、その際に必要となる物品及び役務は、在日米軍から提供を受けることになっている。つまり、国連軍の帽子で在日米軍基地に入れば、物資やサービスを提供する主体は日本政府ではなく、米国あるいは日本の民間業者になるのである。日本からモノの提供を受けるには国連軍の帽子ではなく、豪軍の帽子をかぶって自衛隊基地に入る必要がある。そうすれば日豪ＡＣＳＡ

をつうじて日本政府がモノを提供できるようになる。このことは米国にとっても大きなメリットである。

そこで必要になるのが、外国軍（参加国）が自衛隊基地に入るための法的根拠である。米軍の場合でいう、日米地位協定にあたるものである。それがあれば、たとえば豪軍の場合、国連軍としての活動である「瀬取り」を終えたあとに、国連軍の帽子を脱いで、通常の豪軍として自衛隊基地に入ってくることができる。ミッションを切り替えて、たとえば親善訪問や共同訓練、あるいは部隊視察等の名目で自衛隊の基地に入ればよい。

実際、日本政府も国連軍参加国の艦船が他の海域から東シナ海に航行し、「瀬取り」の警戒監視活動に従事したあとに、親善訪問等として日本の基地に入ってくる場合があることを確認している。[56] そうすればＡＣＳＡの対象になり、自衛隊から物資やサービスの提供を受けられる。それを可能にする法整備が、次にみる円滑化協定である。

円滑化協定――ヒトの往来

円滑化協定は、英語では Reciprocal Access Agreement：ＲＡＡという。つまり、互いの軍隊が相手国に訪問する際の法的枠組みである。地位協定といってもよいのだが、そうしないのは日米地位協定との混同を避けるためである。つまり、常駐する米軍の法的地位と、常駐しない外国軍の法的地位はその前提が異なるというわけだ。[57]

日本はこの円滑化協定をこれまで豪州（２０２２年）と英国（２０２３年）とのあいだで結んでいる。日米地位協定との大きな違いは、それが単方向的か、それとも双方向的かである。日米地位協定は単方向である。つまり、米軍の日本駐留は想定されているが、自衛隊が米国に駐留、あるいは訪問することは想定されていない。一方、円滑化協定は双方向、つまり自衛隊を含む互いの軍隊が、互いの国を行き来することが想定されている。

一般論として、国家の軍隊が平時に外国の領域にあるときは国際法上、広範な特権、権能、免除が与えられる。ただし、それはあくまでも外国の軍隊が一時的に他国の領域にとどまる場合であって、常駐する場合を含んでいない。したがって、常駐、あるいは頻繁に往来する場合には、駐留する軍隊の地位について別個の協定を締結する必要が生じる。

日本が豪州及び英国と円滑化協定を結んだのも、両軍の日本への訪問機会が増えることを見越してのことだろう。実際、２０２２年12月に発表された「国家安全保障戦略」でも「同盟国・同志国間のネットワークを重層的に構築するとともに、それを拡大し、抑止力を強化していく」との方針が示され、具体的な取り組みとして「円滑化協定の締結」が挙げられている。[58]

(1)何ができるようになるのか

円滑化協定が締結される以前は、外国軍がたとえば親善訪問として自衛隊基地に入る場合、あるいは日本の領域で自衛隊との共同訓練等を行う場合にはその都度、相手国政府と協議のうえ訪問部隊の入国や軍用機の領空通過等について口上書の交換等を行っていた。たとえば、自衛隊は2022年度、米国以外では豪州、英国、インド、カナダ、ドイツ、フィリピン、フランス、計7ヵ国の軍隊と共同訓練を実施しているが、その都度、構成員の民事、刑事の取り扱い、検疫、税関などの措置を定める文書を作成している。

こうした例もある。2011年3月11日の東日本大震災において、豪州はC‐17輸送機3機を日本に派遣し、支援活動にあたった。ところが、このとき豪州とのあいだには国連軍地位協定しかなかったために、民間空港や航空自衛隊の基地を使用できず、国連軍基地である横田基地しか利用できなかった。また、外務省、防衛省、国交省が管轄するそれぞれの手続きにもその都度、対応しなければならなかった[59]。

円滑化協定はこうした煩雑な調整を容易にするものである。たとえば、部隊の出入国については査証の申請要件が免除される。また派遣国が発給する運転免許証で車両を運転できる。武器の扱いについても、外国軍が武器、弾薬、爆発物、危険物を輸送・保管し、取り扱うことが認められる。もちろん、それらはいずれも日本の国内法及び手続きに従うことが条件である。

(2)有事の来援

円滑化協定は平時の共同訓練や災害対応などの協力活動を対象とした協定であり、有事を想定したものではない、というのが政府の立場だ。[60] しかし、同協定は、少なくとも協定上は平時だけを対象としていない。グレーゾーン事態や重要影響事態はもちろん、武力攻撃事態等においても豪軍や英軍が日本領域内で活動する可能性を排除しない。[61]

より直接的にいえば、日本が武力攻撃を受けた場合、あるいは台湾有事など日本の安全保障に重要な影響を与える事態が生じた場合、豪軍や英軍は日本に来援する可能性がある。その来援を「円滑化」することも協定の趣旨である。この場合、英国も豪州も「日本と密接な関係にある他国」にあたる可能性がきわめて高い。したがって、すでに日本に入っているか、あるいは新たに来援する両軍のいずれかが攻撃を受ければ、自衛隊は武力行使を含めた各種の支援を行うことになる。この部分は平和安全法制によってすでに整備されている。今回の円滑化協定で整備されたのは、そうした来援部隊が自衛隊の基地や日本の公共施設をスムーズに使用するための法的根拠である。

これらのことを踏まえれば、円滑化協定の締結は戦後の日本の安全保障政策の大きな転換だといえる。同協定は日本が外部から攻撃を受けたか、あるいはそうした事態が想定される場合に、米国以外の国に必要な支援を要請し、自衛隊との協力活動を実施することを法的に担保するものだからである。[62] 米国との二国間同盟を基礎とする戦後の日本の安全保障政策のあり方が大きく変わりうる。

(3)切り替え——円滑化協定と国連軍地位協定

ただし、ここでも注意が必要なのは、豪州や英国は円滑化協定と国連軍地位協定を必要に応じてスイッチできることである。[63] たとえば、豪州との円滑化協定第4条3項は、豪軍が国連軍に編入された場合には、円滑化協定が適用されない旨が規定されている。これは先のACSAと同様である。豪州や英国はここでも「二つの顔」を使い分けながら、どちらの協定が自国にとって、あるいは日本との協力にとって有益であるかを判断できる。たとえば、米軍基地に入るのであれば円滑化協定ではなく、国連軍地位協定である。自衛隊基地に入るのであれば、円滑化協定でなくてはならない。こうした双方の協定のメリット、デメリットを比較衡量する裁量が与えられている。

これらのことから、少なくとも豪州と英国については、米国同様に「二つの顔」をもつ日本の準同盟国、ないしそれに類する国であると考えてよいだろう。[64] 実際、自衛隊は2021

年以降、豪軍に対して平和安全法制で定められた武器等防護を計5件実施している（2021年は1件、2022年は4件）[65]。今後は英軍に対しても同様に武器等防護が行われる可能性があるという[66]。そうでなくとも英国は2018年以降、陸上自衛隊と英陸軍の共同訓練を実施するなど、この地域を重視する姿勢を鮮明にしている[67]。

さらに日本は、フランス、フィリピンとのあいだでも円滑化協定の締結に関する検討を進めている[68]。両者はともに在日国連軍の参加国である。フランスが対象になるのは、同国が南太平洋に仏領ポリネシアを有しており、そこに軍を駐留させているからである。フランスはれっきとした太平洋国家であり、中国の海洋進出に安全保障上の利害をもつ国である。

かくして本章でみた時期は、在日国連軍の枠組みが平和安全法制その他、日本の国内法によって上書きされ、強化されていく過程だった。戦後一貫して潜在し続けていた多国間の安全保障枠組みが、今日いよいよ顕現し始めている。

終章　二つの顔

日本の基地とは何か。その答えを探るべく、本書は在日米軍基地をめぐる政治と歴史の全容を考察してきた。その際、米軍だけでなくその友軍を含めた国連軍が使用するものとして基地を描きなおすことで、従来の視角からはこぼれ落ちてきた日本の潜在的な多国間安全保障枠組みのありようを浮かび上がらせようとした。以下、本書の要点を整理し、在日米軍／国連軍基地がもつ「二つの顔」を多角的に評価しよう。

1　本書の議論

冷戦期

戦後の対日占領を担った英連邦諸国のなかで最後まで日本に残ったのが豪州である。彼らがいよいよ去ろうとするそのときに、朝鮮戦争は起きた。引くに引けなくなった豪州はそのまま戦争に参加し、休戦後も日本に留まった。その後、部隊は引き揚げるも、国連軍の要員は断続的に派遣された。現在の国連軍後方司令官は豪空軍大佐である。2010年以降、豪軍は5期連続で司令官を出している。今日、急速に進展する日豪の安全保障関係と豪軍による日本駐留の起点は思いのほか古い。

在日米軍と在日国連軍の枠組みを強化したのは1960年の安保改定である。そこでは国連軍地位協定と吉田・アチソン交換公文（日本が極東で行われている国連軍の行動に対し基地と兵站支援を与えるという約束）の「親子関係」の反転が起きた。国連軍地位協定が「親」となったことで、吉田・アチソン交換公文の効力は、国連軍地位協定が維持されている限りにおいて維持されることになった。国連軍地位協定が維持される条件とは、日本と韓国に国連軍が維持されていることである。それさえあれば、国連旗の使用が認められた米国の有志連合軍は日本の特定の基地を使用し、極東での軍事行動のフリーハンドを維持できる。吉田・アチソン交換公文がサンフランシスコ平和条約に紐づいていることからして、日本にとってのこの交換公文の拘束力は大きい。

それだけではない。日米両国は安保改定時に「朝鮮議事録」を交わした。米国は国連軍の帽子をかぶっている場合に限り、朝鮮有事の際の戦闘作戦行動に関する事前協議を省略できるとされた。もちろん今日、朝鮮議事録はすでに失効しているという見方もある。しかし、米国は少なくとも1970年代後半までその有効性を認識し、参加国にもそのことを伝えていた。平和安全法制をはじめとする法整備が進んだ現在でも、米国にとってそれは最後の保険として位置づけられている可能性がある（後述）。

米国にとって国連軍地位協定が維持されなければならないものであるならば、参加国に対して必然的にそのための協力を求めなければならない。同協定を維持するには、米軍以外の要員が日本に派遣されていなければならない（と解釈されている）からだ。

そのため、国連軍の解体危機が生じた1970年代以降、米国は参加国に対し「英連邦ローテーション」を提案した。日本政府もそれに協力する形で参加国の「二重帽子」（FSI〔米国務省の日本語研修所〕横浜での語学留学生と国連軍司令部要員の兼任）を容認する。これは国連軍地位協定の失効を防ぐための多国間協力の枠組みであり、その後の国連軍スキームの安定性に資するものだっただろう。

冷戦後

米国にとっての国連軍の有用性は、冷戦後も揺らがなかった。新たに顕在化した北朝鮮の脅威に対抗するためにも、在日国連軍の枠組みは貴重だった。1990年代の普天間返還合意とその後のプロセスも国連軍の文脈なしには理解しえないものだった。米国防総省にとっては、普天間がもつ国連軍基地としての現有能力の維持が、普天間返還の条件だった。沖縄には軍用飛行場が二つ（嘉手納と普天間）必要だった。有事に国連軍が入ることが想定されているからである。普天間に替わる飛行場を新設するとなれば、その候補は1960年代から辺野古沖だった。

この問題にぶつかったのが2009年以降の日本の民主党政権である。同政権が掲げた普天間の国外移設を阻んだ要素の一つには、少なくとも構造的には、国連軍の問題があったと言わざるをえない。国連軍のステータスは日本の外には持ち出せない。国外に移せば、ただの米軍基地になる。それは大きな現状変更であり、他の参加国の同意を得られる保証はない。では、国内（県外）移設であれば可能だったか。それも難しかっただろう。普天間の現有能力の維持が米側の条件である限り、海兵隊の主たる基地機能の分散は米軍側が同意しない。

そうでなくとも、辺野古沖での新たな基地建設は、はじめから米国の政策決定者の頭の中にあった可能性がある（マスタープラン１９６６）。

基地をめぐる日本と米国の関係が大きく変わり始めたのは、２０１０年代以降である。２０１５年の平和安全法制は、いわゆる「集団的自衛権」として新たに整理しなおされたものを容認し、「米軍等」への兵站支援を法制化するものだった。長らく吉田・アチソン交換公文と国連軍地位協定しかなかった外国軍への兵站支援の根拠に、複数の国内法が加わったのである。これに付随して、一部の国とのあいだではＡＣＳＡ（物品役務相互提供協定）や円滑化協定の整備が進められた。今日では、平時か有事かを問わず日本と密接な関係にある外国軍が日本の自衛隊基地と一定の条件下では米軍基地で活動できる体制が整っている。国連軍のスキームは日本の新たな国内法の中に次第に溶け込みつつある。

2　在日米軍基地――何を、どのように考えるか

では、こうした歴史的経緯を踏まえて、われわれは在日米軍基地の問題をどのように評価すればよいだろうか。まず、はっきりさせておかなければならないのは、日米安保条約に根

拠をもつ在日米軍は必ずしも日本を直接的に防衛するための存在ではないということである。これについては日本人の多くが誤解している。むろん、米軍は日本の防衛に関与（コミットメント）する。しかし、少なくとも条約上はNATOと同じレベルでそうすることはない。しかし、そうであっても米国は日本の有事において日米安保条約上の約束を履行するのである。そうしなければ、現行の国際秩序はいうに及ばず米国の覇権やNATOをはじめとする他の同盟にも深刻な影響が及ぶからだ。その意味で日本は米軍の防衛行動そのものについては十分に期待できる。しかし、問題はその中身だ。

基地と日本防衛

米軍による防衛行動の下限は、おそらく米軍基地防衛（第4章）である。米軍は合衆国憲法に規定された任務上、米国の財産である基地・施設及び兵員・家族を含めた米国民を保護する責任をもつ。ゆえに、在日米軍基地を守る。そしてそのことは、結果として日本の安全保障への強力な関与になる。基地を守ろうと思えば、おのずと基地の周辺を守らなければならないからである。基地の周辺地域は戦争への巻き込まれの危険性も高いが、一方で米軍の直接防衛区域に入る。当然、米軍基地の防衛には自衛隊も加わる。これが本書でみた日本の集団的自衛と個別的自衛が交叉する領域だ。

このことから、米軍の抑止力の狭義が明らかになる。日本に対する攻撃があった場合に、米軍への被害が確実視されることが、敵の行動を躊躇させる。これはトリップワイヤーとよばれる考え方である。米国が望むと望まざるとにかかわらず、日本の有事に引きずり込むための仕掛けを意味する。日本はそれを逆手にとり、米軍を「人質」にとることができる。これが日本側からみたときの米軍のもっとも確実な抑止力である。この抑止は日米安保の不確実な「コミットメント（関与／約束）」にではなく、米軍の存在そのものに由来する。日米安保条約の解釈がどう変わろうが、米軍の装備がいかに更新されようが、基地がもつトリップワイヤーとしての機能は不変である。

となると、今度は基地が置かれていない地域の安全はどうなるのかという問題が出てくる。そうした地域は米軍による直接的な防衛を過度に期待すべきではない。それら地域を含め、日本の防衛を担うのはあくまでも自衛隊である。米軍が無条件に日本の防衛に関与するつもりがないことは米国自身も認めるところだ（第4章）。米軍は自衛隊が動く限りにおいて動く。これは、従来人口に膾炙《かいしゃ》してきた日米安保条約のイメージ――いざというときに米軍は日本を守る――とは必ずしも一致しない。

もっとも、日本が他国防衛、すなわち米本国やハワイの防衛に十分に関与できない以上、これは当然の結果である。米国議会、あるいは米国人の立場で考えれば、不自然なところはないだろう。米国が日本に提供する防衛は、米国が日本から得ているものの対価である。彼らは得ている分しか払わない。この点、日本は基地を提供することで対米防衛の不足を補って余りある便宜を供与していると考えることもできよう。しかし、少なくとも1960年の安保改定時の取引ではかような値がつけられ、今に至っている。

日本の防衛においては自衛隊が主であり、米軍は従である。在日米軍基地の問題を正しく評価する際の出発点はここである。そこから議論を始めたときに、日本にとって受け入れ可能な基地負担の範囲はどこか。そうして定められた負担の総量があるとして、今度はそれを政治的に公正なやり方でいかに国内に分配するか。これが基地をめぐる国際政治と国内政治の要請のバランスを考える際の問題設定である。

このことを前提とすれば、現状では沖縄に基地負担が偏重している。日米地位協定、なかでも全土基地方式（第2条）や排他的な基地管理権（第3条）の問題は、諸外国と比較しても米側に有利なものである。日本ないし沖縄が負っているこうした不利益が、米国から得ている安全保障上のメリットと釣り合うのかどうか。もし釣り合っているのであれば問題は少ないが、そうでなければ基地のあり方を含めた日米関係を見直さなければならない。

地位協定の目的

図終－１　ジブチの自衛隊基地　2015年１月

それを考えるときの一つのポイントは、日米地位協定である。同協定については様々な問題が指摘されるところだが、それらの問題を生じさせる根本的な要因の一つは、同協定がもつ単方向性にある。

第７章でも触れたように日米地位協定は米軍が日本に入るための協定であり、その逆ではない。もし双方向性があれば、自分がやられて困ることは協定には書き込めない。実際、日豪・日英円滑化協定は双方向的であるがゆえにおおむね対等な内容になっている。ＮＡＴＯ軍地位協定も同様だ。

この点、日本がジブチと結んでいる地位協定はよい教材になる。[1] 同協定では日本が有利に、ジブチが不利になっているからだ。２００９年７月、自衛隊はジブチに海外基地を置いた。正確にいえば、当初は同地の米軍基地（キャンプ・レモニエ）を間借りし、２０１１年以降に自前の基地を置いている。開設当初はアデン湾での海賊対処を目的としていたが、現在では邦人保護・輸送の拠点としてジブチの基地を利用している。

さて、日本とジブチの地位協定は単方向的である。自衛隊はジブチに入るが、ジブチ軍は日本に入らない。同協定では、たとえば公務中であれ公務外であれ、第一次裁判権は日本側にある。基地にジブチの国内法は適用されず、自衛隊の移動についても事前通告義務はない。対等性に関していえば日米地位協定よりもはるかに劣る。

ここからうかがえるように、地位協定の本質とはそもそも派遣国側の要員と財産を保護することにある。だからといって、現在の日米地位協定における対等性の欠如を仕方ないというのではない。そうではなく、外国軍を受け入れることはどういうことなのか、その法的枠組みである地位協定とは何なのかを理解したうえで、米国との交渉に臨まなければならない。

交渉によって変更しうる点と、そうでない点を見定めることが重要であり、やみくもに改定を求めても地位協定は動かない。米兵やその家族に不利になる改定を米国議会は決して認めないからだ。大事なことは、米国が同意しうる、あるいは過去に同意したことのある事例を参照しながら、針の穴を通すような、緻密な交渉戦略を準備することだ。

実際、日米地位協定の環境分野ではそうした動きも進んでいる。たとえば、２０１５年９

月、日米両政府は、地位協定の補足協定である環境補足協定を締結した。それまでのような「運用改善」ではなく、初めて法的拘束力のある協定が結ばれた。これは基地に起因する環境事案についての日米協力を促進することを目的とするものであり、2022年には同協定に基づいて、日本政府（防衛省、外務省、環境省）と関係自治体が、PFAS（有機フッ素化合物）汚染の調査のため、厚木基地や横須賀基地に立ち入り調査を行っている。[2] もっとも環境補足協定は米側に具体的な法的義務を課すものではなく、たとえば基地への立ち入りについても、米側に拒否されればどうしようもない。そうした問題はあるにせよ、環境分野では一定の前進がみられる。

3　在日国連軍基地――二つの評価

米軍基地に対するわれわれの評価をさらに難しくするのが、本書でみた米軍のもう一つの顔、国連軍との兼ね合いである。在日米軍基地の問題は日米安保条約と日米地位協定だけをみていればよいわけではない。それと対になる、吉田・アチソン交換公文と国連軍地位協定も同時にみなくてはならない。それを踏まえたとき、この問題についてはまったく異なる二つの評価がありえよう。

肯定――多国間安全保障

まず、肯定的な評価としては次のようなものがある。戦後の日本、ないし極東の安全は日米の二国間だけでなく、国連軍をつうじた多国間の枠組みによって維持されている。国連軍の枠組みは平時にはスリープ状態にあるが、極東に緊張が生じるか、あるいは有事においては即座に起動する。また、万が一、在日国連軍基地（すなわち、現在では七つの在日米軍基地）が攻撃された場合には、国連軍が反撃を行う事態も想定されている（第3章）。これらのことから、日本からみたときの在日国連軍とは、在日米軍のバックアップ・フォースそのものであり、米国と並んで日本の安全に資する重要な存在である。

ただし、こうした評価の延長線上には次のような疑問も浮かんでくる。すなわち、今や平和安全法制他があるのだから、国連軍の意義は過去のものになったのではないか、と。本書はこうした見方には否定的である。というのも、たとえば国連軍地位協定の最大のメリットは平時か有事かを問わず、参加国軍が在日米軍基地を使用できることにある。国連軍地位協定以外にそれを可能にするスキームはない。これは今も、昔も変わらない。米軍と参加国軍は基地をつうじて多国籍軍としての連携や協力を行っている。日本政府は再三否定しているが、参加国は在日国連軍基地を使用して米軍と共同訓練を行っている。[4] そうした活動は極東の安全に共通の関心をもつ彼らにとっては大きなメリットだ。

米国単独の視点でいえば、国連軍のスキームには今もって代えがたい利点がある。第一にそれがあれば朝鮮有事ないしそれが飛び火して起こる極東での有事の際に新たな安保理決議をとる必要がない。少なくとも米国は過去にそう考えていた。それが正しければ、一定の条件下で行われる極東での軍事オペレーションにおいては、中国やロシアの拒否権に煩わされる心配がないのである。

第二に、それがあることで日本との「事前協議」をスキップしうる。米国自身がそう表現しているように、国連軍は日本の基地から戦闘作戦行動をとるための隠れ蓑である。かような認識は1970年代に示されたものだが（第5章）、現在もその認識は維持されていると考えるのが自然だろう。朝鮮議事録は現在も基地の自由使用を保障しうる唯一の切り札だからだ。

第三に、戦後長らく米軍だけがもっていた「二つの顔」は、いまや参加国にも共有されている。これにより国連軍のスキームはそれまで以上の実効性を得ることになった。なかでも英国と豪州にとっての日本の基地（米軍及び自衛隊）の使い勝手は大きく改善されただろう。米軍と参加国軍は、国連軍として動くのが得か、それとも米軍／外国軍として動くのが得か、より適切な地位を選択できる。フォーラム・ショッピングが可能になったということである。[5]

この点、ミリー（Mark Alexander Milley）統合参謀本部議長は2023年3月に開かれた上院軍事委員会の公聴会で興味深い発言をしている。彼は中国による台湾侵攻があった場合に同盟国が「姿をみせるか」と問われた際、日本、韓国、フィリピン、タイ、豪州の名を挙げて「国によって異なる方法があろうが、答えはイエスだ。全ての国が戦闘部隊（派遣）のような形というわけではないだろうし、各国は自国の戦略的利益に基づき、それぞれ活動する」と答えた。[6]各国がフォーラム・ショッピングを行うことが、国連軍ないし多国籍軍のオペレーションに柔軟性と法的安定性を与えているとの認識である。

日本政府にとっても国連軍のスキームにはいまだ少なくないメリットがある。かつてマンスフィールドが喝破したように、すでに安保理のお墨付きがある国連軍はいざというときに野党の反対を抑えるのに都合がよい。1950年代の社会党（右派）ですら、「米軍は具合悪いが、オリーヴの旗をつけ、国連の名前をつけてくるのはよい」[7]との態度をみせていた。野党は伝統的に国連に弱い。したがって、ときの政治状況がどうであれ、日本は吉田・アチソン交換公文と国連軍地位協定を使って国連軍に編入されている米軍と参加国軍に対して支援を行える。日本政府にとっては極東有事の際に国内政治に悩まされずに済むことの意義は小さくない。

日本が関与するこうした事実上の多国間安全保障枠組みは、もちろんNATOのような明示的な安全保障機構ではない。在日米軍／国連軍の基地を蝶番《ちょうつがい》にして、多国間の有機的な安全保障上の連携を生み出す制度的基盤とでもいうべきものである。仮にそうであったとしても、日本の戦後安全保障史の理解は一部、更新される必要がある。日本の安全保障は米国との二国間関係のみによって規定されてきたのではないし、在日国連軍は形式上の存在などではなく、実質的な存在だったのだ。

否定――民主的統制

一方、こうした国連軍の存在を否定的に評価することも可能である。最大の問題はなんといっても民主的統制の不在である。そもそも在日国連軍の存在自体が国民に認識されていない。国会議事録をみても1950年代の一時期、すなわち国連軍地位協定をめぐる審議が行われた時期を除けば、活発に議論された形跡がない。国会、あるいは有権者のチェックが事実上、機能していないことになる。

日本政府もこれについて「説明していく努力はしなければならない」[8]との自覚はあるようだ。しかし、歴史を振り返れば、政府として在日国連軍の問題をできるだけ表面化させないようにしてきたことも事実である（第6章）。とりわけ55年体制下の日本にあってはこれがひとたび政治問題化すれば、日米関係その他にどのような影響を与えるか予測できなかっただろう。

そうした状況は現在でもあまり変化がないかもしれない。ただでさえ複雑な日米安保条約をめぐる法体系である。その上に在日国連軍と、今日では「日本と密接な関係」にある外国軍に関する法体系が乗っている。このガラス細工のように組み上げられた法体系の全体に傷をつけないように国連軍だけを取り出して、それを国会で滑らかに説明するのは容易でない。「藪蛇《やぶへび》」になるよりはそっとしておきたい。そう考えたとしても不思議はない。

しかし、そのように割り切ってしまうにはこの問題の影響は大きすぎる。日本の主権はいうに及ばず、現下の安全保障問題、たとえば北朝鮮のミサイル開発や台湾海峡問題、あるいは沖縄の基地問題等の多くが、在日国連軍の問題とリンクしているのである。にもかかわらずその蝶番だけがみえなくなっている。

筆者の知る限り、たとえば沖縄の基地問題が在日国連軍の問題と絡めて論点化されたことはない。沖縄の3基地（普天間、嘉手納、ホワイトビーチ）に国連旗が立っていることは知っていても、あくまでも形式的な問題だと考えられている。しかし、同3基地は施政権が返還されたその日に国連軍基地に指定されている。つまり戦後一時たりとも米軍以外の外国軍による使用が認められなかった時期がないのである。国連軍のステータスがいかに重視されているかを物語るものだろう。

百歩譲って、国民がこの問題について知る機会が限られることを容認できたとしよう。安全保障の世界ではそうした状況が例外的に認められる場合もありえるからだ。仮にそうだとして、肝心の日本政府はこの問題をコントロールできているのだろうか。在日国連軍の活動や運用の実態をどこまで把握しているのだろうか。参加国の軍隊は日常的に日本の領域を移動し、米軍基地に入っている。米国側の判断で、基地は「又貸し」されているのである。そうした軍隊が米軍基地内で何を行っているのか、日本政府はおそらくフォローできていない。なぜなら、基地の管理権は米側がもっており、日本政府は原則的に基地への立ち入りを認められていないからである。

それでもまだ米軍については国民やメディアの側に一定のリテラシーがあるからよいようなものだが、国連軍についてはそれすらない。監視の目は届いていない。そもそも、日本は個別の参加国に対して撤退交渉を行う立場にすらない。彼らの駐留は国連安保理決議に基づくものだからだ。これは日本の国家主権に干渉しうる重大な問題をはらんでいる。

基地の中だけではない。日本は、日本の「附近」において国連軍の活動を支援することを義務づけられている。日本の「附近」とは、すなわち「極東」のことである。[9] 国連軍は日本の基地から極東という広い面を対象に、活動を展開している。第5章でみたように、たとえば1970年代にはとりわけカナダ軍が日本に頻繁に出入りしていた。そうした活動を日本政府はどこまで認識し、たとえば地位協定の遵守状況等をチェックしているのだろうか。

外務省の説明はこうだ。国連軍地位協定に基づいて国連軍が在日国連軍基地を使用する場合、外務省は事前に当該国の政府と調整し、その目的等（たとえば、瀬取り対処）について確認する。[10] 瀬取り監視に限れば、執行調整所（ECC）という各国の軍隊の活動を調整する組織があるという。[11] これは横田の後方司令部にではなく、横須賀基地所属の米第7艦隊の旗艦ブルーリッジの艦内に設けられている。執行調整所には外務省の連絡調整官も入っており、国連軍側との調整や情報交換を行っている。[12] 外務省はそこで得た情報をもとに、今度は国内の関係省庁と調整し、国連軍の活動に協力する。ただし、この執行調整所で行われる会議が国連軍地位協定に定められた「合同会議」であるかどうかは定かではなく、手続き的な意味において日本側がどこまでそこに影響力を行使できるのかはっきりしない。

円滑化協定の運用にも不透明なところがある。現在の日豪、日英の両円滑化協定には、日米合同委員会に相当する「合同委員会」の設置が謳われている。しかし、日米地位協定の場合と同様、議事録に関する規定はない。したがって、双方が合意しない限り議事録は公表されない可能性が高い。[13] 基地（この場合は、自衛隊基地）の運用の詳細は事実上、ブラックボックス化されるということである。この点をみれば、今後は米国だけでなく、豪州、英国、あるいは将来的にはフランスやフィリピンにまで基地の運用に関する批判が拡大していく可能性もある。

こうした問題の一つひとつについて、戦後の日本はそれを肯定するにせよ否定するにせよ、評価するという行為そのものと真剣に向き合ってこなかった。そのことが基地問題の実態と国民の理解とのあいだにすでに縫合できないような溝を生んでいる。

その溝の深さゆえに、国民の視線はそれが届く範囲にある問題、すなわち憲法や日米地位協定、あるいは環境問題に留め置かれている。それらの問題は確かに重要だが、数多《あまた》ある基地問題の一部に過ぎない。日本の安全保障の根幹を成しながら、溝の底に伏在してきた、米軍と国連軍の「二つの顔」。今次第に顕現しつつある米軍と国連軍の鏡像関係には、戦後の基地問題が抱える構造がはっきり映し出されている。

あとがき

今筆者の手元に『安全保障条約論』（１９５９）と『日米外交三十年』（１９８２）という二つの本がある。書いたのは、前者が日米安保条約制定時（１９５１）の外務省条約局長だった西村熊雄氏、後者が安保改定時（１９６０）に同省アメリカ局安全保障課長だった東郷文彦氏である。新旧日米安保条約の実務担当者だ。当事者の証言録としての価値をもつこの本は、日本の外交・安全保障史の一般的なテキストのベースにもなっている。筆者も長らく同書に学んできた一人だ。

しかし、どちらの本にも国連軍に関する記述はほとんど出てこない。安保条約の制定と改定のそれぞれ多岐にわたる厚い記述にあって、ほんの数行の言及があるだけである。吉田・アチソン交換公文（１９５１）、国連軍地位協定（１９５４）、新交換公文（１９６０）、そして朝鮮議事録（１９６０）にかかわった当事者たちである。あえて書かなかったのか、それとも書くに値しないということだったのか。

いずれにせよ、筆者にとってはそれが書くきっかけとなった。在日米軍基地の全容を描くのであれば国連軍の問題とセットで書かなければならない。両者は二つで一つ。米軍の自由を保障する鍵が国連軍、米軍基地はその鍵穴だ。

動機はもう一つ。あるとき韓国軍の士官と話す機会があった。その士官は在日国連軍の問題に強い関心をもっていた。それが韓国の安全保障に直結する問題であることを知っているからだ。しかし、当時の筆者にはその知識がなかったし、日本のアカデミアにおける研究蓄積も十分とはいえなかった。日韓のこの知的ギャップは研究者、そして少なくとも実務者にとって望ましいものではないと思われた。

米軍基地であれ、国連軍基地であれそれを知る手がかりになる情報、とりわけ一次史料の調査は簡単ではない。国務省に比べると、国防総省・軍の史料は入手できる範囲が限られているからである。とりわけ国連軍の場合、休戦中とはいえ進行中の戦争にかかわる問題である。問題の性質上、複数の国に史料が分散して保管されることもある。マルチ・アーカイバル・リサーチ（複数の国の公文書館での史料調査）が必要というわけだ。

一時はお手上げかとも思ったが、発想を変えた。国連軍を含めた在日米軍基地の問題は研究者はもちろんだが、それよりも一般の人々、主権者たる国民に広く知ってもらうことに意義がある。これは戦後民主主義の根幹にかかわる問題だからだ。ゆえに、まずはこれまで明らかにされてきた事実の断片と、新史料から浮かび上がる仮説をつなぎ合わせ「在日米軍基地」の大きなストーリーを提示することにした。「学」に重きを置くか、「社会」を優先すべきか。この優先順位は政治学の研究者にとってはいつも悩ましいが、本書でははっきりと後者を優先させた。今後の学術研究の成否は、とりわけ在日国連軍に関連する史料の収集と公開の進捗にかかっている。

本書の執筆にあたっては、中公新書編集部の胡逸高氏がいつも背中を押してくれた。まだ知られていない国連軍を含めた在日米軍基地の問題を世に問いましょう。胡氏の言葉に励まされた。胡氏を紹介してくれたのは、今井宏平氏（アジア経済研究所）だ。本多倫彬氏（中京大学）には草稿の一部にコメントをいただいた。渡辺広樹氏（東京工業大学博士後期課程）には資料整理を手伝っていただいた。記して感謝したい。

本書の執筆を終えようとするとき、恩師・山本吉宣先生（東京大学・青山学院大学名誉教授）の訃報に触れた。いつまでも大きく、どこまでも遠い背中だった。本書が先生へのせめてもの恩返しになればと願う。

2023年初秋

川名晋史

終　章

1　本多倫彬「ジブチ」川名晋史編『世界の基地問題と沖縄』明石書店、2022年、133-149頁。
2　たとえば、「厚木海軍飛行場への立入りについて」、2022年10月6日、防衛省ウェブサイト参照。
3　参議院沖縄及び北方問題に関する特別委員会会議録第10号、1972年6月9日。衆議院会議録追録質問主意書及び答弁書、2016年8月8日。
4　2015年1月以降、英軍は沖縄の訓練区域で共同訓練を実施しているという（『沖縄タイムス』2016年7月20日）。これが本当であれば、国連軍地位協定違反である。
5　フォーラム・ショッピングとは、どの国の裁判所に訴訟を提起するかによって原告にとって有利・不利が変化する場合に、自らに有利な法廷地を選んで訴訟を行うことを指す。
6　『毎日新聞』2023年3月29日。
7　基地問題調査委員会編『軍事基地の実態と分析』三一書房、1954年、241頁。
8　参議院予算委員会会議録第17号、2016年3月18日。
9　衆議院予算委員会第二分科会会議録、1982年3月1日。
10　衆議院経済産業委員会会議録第16号、2021年6月4日。
11　『産経新聞』2020年12月19日。
12　衆議院経済産業委員会会議録第16号、2021年6月4日。
13　衆議院外務委員会会議録第5号、2023年3月29日。

46　衆議院平和安全法制特別委員会会議録第８号、2015年６月10日。
47　1996年にACSAが締結される以前、自衛隊ができる支援は、「港湾及び飛行場の無償提供」、「日米地位協定に示す日米合同委員会において合意された施設及び区域の提供」、「共同訓練時における航空機及び船舶に対する燃料給油」、「自衛隊基地に隣接した米軍に対する給水支援」及び「自衛隊の飛行場に不時着した航空機に対する燃料給油」であり、その他の支援を公式に提供する根拠は存在しなかった。（石原明徳「ACSAの変遷」『海幹校戦略研究』７－２、2018年１月、95-106頁）
48　参議院日米防衛協力のための指針に関する特別行動委員会会議録第４号、1999年５月11日。
49　衆議院外務委員会会議録第５号、2017年３月17日。
50　衆議院日米防衛協力のための指針に関する特別行動委員会会議録第４号、1999年３月31日。
51　衆議院経済産業委員会会議録第16号、2021年６月４日。
52　衆議院安全保障委員会会議録第２号、2017年12月１日。
53　『日本経済新聞』2018年１月17日。
54　参議院日米防衛協力のための指針に関する特別行動委員会会議録第４号、1999年５月12日。
55　衆議院外務委員会会議録第６号、2019年４月10日。
56　衆議院経済産業委員会会議録第８号、2019年11月22日。
57　衆議院外務委員会会議録第５号、2023年３月29日。
58　内閣官房「国家安全保障戦略」2022年12月16日。
59　日豪円滑化協定はこのときの経験を踏まえ2011年10月にブルース・ミラー駐日豪州大使から提案があったものである。その後2014年７月の日豪首脳会談で交渉開始が決定し、2020年11月の日豪首脳会談で大枠合意に至り、2022年１月の同会談にて署名されている（佐竹知彦『日豪の安全保障協力』勁草書房、2022年、189-190頁）。
60　衆議院外務委員会会議録第５号、2023年３月29日。
61　衆議院安全保障委員会会議録第５号、2023年４月６日。
62　参議院外交防衛委員会会議録第10号、2023年４月25日。
63　衆議院外務委員会会議録第５号、2023年３月29日。
64　佐竹『日豪の安全保障協力』198-199頁。
65　『日本経済新聞』2023年３月31日。米軍に対しては2022年には弾道ミサイルの警戒を含む情報収集などの際の艦艇向けが４件、自衛隊との共同訓練の場面では艦艇と航空機を合わせて23件である。
66　衆議院安全保障委員会会議録第５号、2023年４月６日。
67　U.S. Indo-Pacific Command, "Expeditionary Strike Group 7 Arrives for Talisman Sabre 21," July 16, 2021.
68　衆議院外務委員会会議録第５号、2023年３月29日。

Chinese Invasion of Taiwan, January 2023, Center for Strategic International Studies.

22 この辺り、川名晋史『基地はなぜ沖縄でなければいけないのか』筑摩書房、2022年、204-206頁。

23 菊池茂雄「沿海域作戦に関する米海兵隊作戦コンセプトの展開―『前方海軍基地』の『防衛』と『海軍・海兵隊統合(Naval Integration)』」『安全保障戦略研究』第1号第1巻、2020年8月、55-81頁。

24 鈴木滋「米海兵隊の新たな戦略コンセプトと将来計画」『レファレンス』867号、2023年3月、31-60頁。

25 U.S. Department of the Navy, Marine Corps, *A Concept for Stand-in Forces*, December 2021, p.4.

26 船橋洋一『同盟漂流』岩波書店、2006年、312-313頁。

27 春原剛『米朝対立―核危機の十年』日本経済新聞社、2004年、70-74頁。

28 「憲法、国際法と集団的自衛権」に関する質問に対する答弁書、内閣衆質94第32号、1981年5月29日。

29 「日米防衛協力のための指針」2015年4月27日(防衛省ウェブサイト)。

30 2015年6月4日、衆議院憲法審査会の参考人質疑において、自民党推薦を含む3人の参考人(憲法学の研究者)全員が、法案は「憲法違反」との意見陳述を行った。それ以降、集団的自衛権の行使容認の問題を中心に、法案の憲法適合性が議論されることになった。

31 参議院平和安全法制特別委員会会議録第20号、2015年9月14日。

32 この問題を詳細に扱ったものとして、篠田英朗『集団的自衛権の思想史―憲法9条と日米安保』風行社、2016年。

33 内閣法制局「集団的自衛権と憲法との関係」1972年10月14日。

34 内閣官房・内閣法制局「新三要件の従前の憲法解釈との論理的整合性等について」2015年6月9日。

35 衆議院平和安全法制特別委員会会議録第3号、2015年5月27日。

36 参議院外交防衛委員会会議録第20号、2015年6月9日。

37 西村熊雄『安全保障条約論』時事通信社、1959年、69頁。

38 衆議院平和安全法制特別委員会会議録第16号、2015年7月1日。

39 同国会衆議院外務委員会第19号、1970年9月10日。

40 参議院予算委員会会議録第23号、1960年3月31日。

41 参議院平和安全法制特別委員会会議録第4号、2015年7月29日。

42 参議院日米防衛協力のための指針に関する特別委員会会議録第5号、1999年5月12日。

43 参議院平和安全法制特別委員会会議録第6号、2015年8月3日。

44 衆議院平和安全法制特別委員会会議録第4号、2015年5月28日。

45 衆議院内閣委員会会議録第4号、1986年10月28日。

2019年、134-137頁参照。
2 GAO, Overseas Presence: Issues Involved in Reducing the Impact of the U.S. military Presence on Okinawa, GAO/NSIAD-98-66, March 1998, p.25.
3 Stacie L. Pettyjohn and Alan J. Vick, *The Posture Triangle: A New Framework for U.S. Air Force Global Presence*, Rand Corporation, 2013.
4 「日本で弾薬580万トン待機」朝鮮日報オンライン、2023年8月6日。
5 GAO, Overseas Presence, p. 25.
6 福好昌治「再編される米太平洋軍の基地」『レファレンス』2006年10月、72-99頁。
7 武田『日米同盟のコスト』136-137頁。
8 福田毅『アメリカの国防政策—冷戦後の再編と戦略文化』昭和堂、2011年。
9 「日米同盟：未来のための変革と再編（仮訳）」2005年10月29日（外務省ウェブサイト）。「再編実施のための日米のロードマップ（仮訳）」2006年5月1日（外務省ウェブサイト）。
10 川上高司「在日米軍再編と日米同盟」『国際安全保障』第33巻第3号、2005年12月、17-40頁。
11 このあたり、齊藤孝祐「在外基地再編をめぐる米国内政治とその戦略的波及」屋良朝博ほか『沖縄と海兵隊—駐留の歴史的展開』旬報社、2016年、143-171頁。
12 川上「在日米軍再編と日米同盟」。
13 「再編実施のための日米のロードマップ（仮訳）」
14 2012年4月に開催された日米2＋2会合では、司令部・陸上・航空・後方支援の各要素から構成される海兵空地任務部隊（Marine Air Ground Task Force: MAGTF）を日本、グアム及びハワイに置くとともにオーストラリアへローテーション展開させることが合意された。
15 「日米同盟：未来のための変革と再編（仮訳）」
16 朝井志歩『基地騒音—厚木基地騒音問題の解決策と環境的公正』法政大学出版局、2009年。
17 辛女林「空母艦載機部隊の岩国基地への移駐—基地政策における負担と経済的利益の配分」川名晋史編『基地問題の国際比較』明石書店、2021年、109-128頁。
18 池田信太郎「日米同盟と地方政治—岩国基地問題を事例として」『広島国際研究』第14巻、2008年12月、1-17頁。
19 U.S. Department of Defense, *Summary of the 2018 National Defense Strategy of The United States of America*, 2018, p.2.
20 White House, *National Security Strategy*, October 12, 2022, p.23.
21 Mark F. Cancian et al., *The First Battle of the Next War: Wargaming a*

41 道下徳成、東清彦「朝鮮半島有事と日本の対応」木宮正史編『シリーズ日本の安全保障6 朝鮮半島と東アジア』岩波書店、2015年、182-183頁。
42 船橋『同盟漂流』311頁。
43 このとき策定（改訂）された「作戦計画5027-94」は、Global Security Org. ウェブサイト https://www.globalsecurity.org/military/ops/oplan-5027.htm.
44 山本章子「米国の普天間移設の意図と失敗」『沖縄法政研究』第19号、2017年2月、1-22頁。
45 "Special Action Committee on Okinawa," in Secretary of Defense Perry Visit to Tokyo 14-15 April 1996 [Background Book], April 14, 1996, *Japan and the U.S., Part* Ⅲ *, 1961-2000*, DNSA.
46 "Relocating Futenma Marine Corps Air Station (MCAS)," in Secretary of Defense Perry Visit to Tokyo 14-15 April 1996 [Background Book], April 14, 1996, *Japan and the U.S., Part* Ⅲ*, 1961-2000*, DNSA.
47 船橋『同盟漂流』57頁。
48 『沖縄タイムス』1999年12月2日。
49 沖縄防衛局「令和3年度普天間飛行場代替施設建設事業に係る事後調査報告書」2022年9月、2-3頁。
50 参議院予算委員会会議録第6号、2010年3月5日。
51 参議院外交防衛委員会会議録第3号、2010年3月16日。
52 参議院会議録第13号、質問主意書及び答弁書、2006年4月7日。
53 同上。
54 第164回国会参議院外交防衛委員会会議録第10号、2006年4月13日。
55 この点、防衛省の守屋武昌事務次官は1996年3月時点で、米側から直接説明を受けていたという。（船橋『同盟漂流』54頁）
56 参議院外交防衛委員会会議録第10号、2014年4月10日。
57 吉田健一「鳩山由紀夫政権における外交政策の研究」『政策科学』27巻4号、2020年3月、231-249頁。
58 山口・中北編『民主党政権とは何だったのか』103頁。
59 第136回国会衆議院外務委員会会議録第4号、1996年3月13日。
60 『朝日新聞』2009年12月4日、夕刊。
61 山口・中北編『民主党政権とは何だったのか』105頁。
62 『朝日新聞』2010年3月9日。
63 山口・中北編『民主党政権とは何だったのか』105-106頁。
64 同上、106頁。
65 同上、107頁。

第7章

1 武田康裕『日米同盟のコスト―自主防衛と自律の追求』亜紀書房、

7　大田昌秀『沖縄の決断』朝日新聞社、2000年、160-161頁。
8　五百旗頭・宮城編『橋本龍太郎外交回顧録』63頁。
9　秋山昌廣『日米の戦略対話が始まった』亜紀書房、2002年、196頁。
10　五百旗頭・宮城編『橋本龍太郎外交回顧録』66頁。
11　折田著、服部・白鳥編『外交証言録』196-197頁。
12　「SACO 中間報告（仮訳）」防衛省ウェブサイト。
13　「SACO 最終報告（仮訳）」防衛省ウェブサイト。
14　宮城・渡辺『普天間・辺野古』59頁。
15　「SACO 中間報告（仮訳）」防衛省ウェブサイト。
16　米側も、たとえばアーミテージ国防次官補は当初、嘉手納統合案を推していたとされる。（船橋『同盟漂流』203頁）
17　船橋『同盟漂流』70-71頁。
18　宮城・渡辺『普天間・辺野古』54頁。
19　『沖縄タイムス』1999年12月2日。
20　同上。
21　秋山『日米の戦略対話が始まった』205頁。
22　船橋『同盟漂流』215頁。
23　宮城・渡辺『普天間・辺野古』60頁。
24　『朝日新聞』1997年1月17日。
25　川名晋史「1960年代の海兵隊『撤退』計画にみる普天間の輪郭」屋良朝博ほか『沖縄と海兵隊―駐留の歴史的展開』旬報社、2016年、53-84頁。『東京新聞』2015年4月26日。
26　Commander, Pacific Division, Naval Facilities Engineering Command to District Engineer, U.S. Army Engineer District, Okinawa, *Master Plan of Navy Facilities, Okinawa, Ryukyu Islands*, December 29, 1966. 沖縄県公文書館所蔵。
27　守屋『「普天間」交渉秘録』53-55頁。
28　神山智美「公有水面埋立承認・着工後の計画変更に係る一考察」『富大経済論集』65巻1号、2019年7月、47-86頁。
29　川名「1960年代の海兵隊『撤退』計画にみる普天間の輪郭」67頁。
30　『琉球新報』2021年4月11日。
31　宮城・渡辺『普天間・辺野古』74頁。
32　『朝日新聞』2009年7月20日。
33　『朝日新聞』2010年5月6日。
34　『民主党沖縄ビジョン［改訂］』2005年8月3日。
35　『民主党沖縄ビジョン［2008］』2008年7月8日。
36　第174回参議院予算委員会会議録第15号、2010年3月23日。
37　宮城・渡辺『普天間・辺野古』125頁。
38　『朝日新聞』2010年5月7日。
39　山口・中北編『民主党政権とは何だったのか』103頁。
40　船橋『同盟漂流』310-311頁。

リー 日本の安全保障と防衛力（6）』防衛省防衛研究所、2020年、198-201頁。冨澤暉「日韓関係と国連軍地位協定」『防衛学研究』第52号、2015年3月、71-82頁。

66　外務省「朝鮮国連軍と我が国の関係について」（外務省ウェブサイト）。

67　「『瀬取り』を含む違法な海上活動に対する関係国による警戒監視活動」2018年4月28日（外務省ウェブサイト）。「『瀬取り』に対する関係国による警戒監視活動」2022年10月17日（防衛省ウェブサイト）。

68　沖縄県知事公室基地対策課提供資料、2023年2月2日。なお、当該23件は外務省が公式に発表したものである。その他、同課が報道等をもとに取りまとめた資料によると国連軍として使用されたかどうかは不明であるものの、参加国の艦船がホワイトビーチ等を使用した例が少なくとも10件、確認されている。

69　このうち空母クイーン・エリザベスを除く計7隻が国連軍地位協定を根拠に寄港している。（神奈川県政策局基地対策部基地対策課への筆者聞き取り調査、2023年4月6日）

第6章

1　船橋洋一『同盟漂流』岩波書店、1997年。森本敏『普天間の謎―基地返還問題迷走15年の総て』海竜社、2010年。宮城大蔵・渡辺豪『普天間・辺野古―歪められた二〇年』集英社、2016年。

2　守屋武昌『「普天間」交渉秘録』新潮社、2010年。五百旗頭真・宮城大蔵編『橋本龍太郎外交回顧録』岩波書店、2013年。折田正樹著、服部龍二・白鳥潤一郎編『外交証言録―湾岸戦争・普天間問題・イラク戦争』岩波書店、2013年。「政治家橋本龍太郎」編集委員会『61人が書き残す政治家 橋本龍太郎』文藝春秋、2012年。山口二郎・中北浩爾編『民主党政権とは何だったのか―キーパーソンたちの証言』岩波書店、2014年。

3　福田毅『アメリカの国防政策―冷戦後の再編と戦略文化』昭和堂、2011年、155頁。

4　この辺り、上杉勇司編『米軍再編と日米安全保障協力』福村出版、2008年。

5　米国とシンガポールは、1990年11月に安全保障関係協定（MOU）を締結した。それにもとづき、米軍はパヤ・レバー空軍基地（空軍）、センバワン地区（海軍）、そして1998年にはチャンギ海軍基地（海軍）の使用が認められた。MINDEF Singapore, “Fact Sheet: 2019 Protocol of Amendment to the 1990 Memorandum of Understanding,” September 24, 2019.　なお、2004年には、チャンギ国際空港の東側の埋め立て地にチャンギ東空軍基地が完成した。

6　第121回国会衆議院外務委員会会議録第3号、1991年10月2日。

49 Telegram, from Tokyo to SoS, "UN Command Rear," TOKYO 14870, August 17, 1978, CFPF, RG 59, AAD, NA.
50 Telegram, from SoS to Tokyo, "Enrollment of Trevor Findlay at FSI Yokohama," STATE 256582, October 29, 1975, CFPF 7/1/1973 - 12/31/1979, RG 59, AAD, NA.
51 Telegram, from Tokyo to SoS, "UN Command Rear," TOKYO 14870, August 17, 1978.
52 Telegram, from Seoul to SoS, "Assignment of Philippine Officer to UNC Rear," SEOUL 02431, March 27, 1978, CFPF, RG 59, AAD, NA.
53 Telegram, from SoS, "UN Command Rear," STATE 211348, August 18, 1978, CFPF, RG 59, AAD, NA; "UN Command Rear," STATE 217736, August 26, 1978, CFPF, RG 59, AAD, NA.
54 Telegram, from Canberra to SoS, "Assignment of Australian Officer to UNC/Rear," CANBER 07155, September 6, 1978, CFPF, RG 59, AAD, NA.
55 Telegram, from Canberra to SoS, "Assignment of an Australian Officer to UNC Rear/Japan," CANBER 00274, January 11, 1979, CFPF, RG 59, AAD, NA.
56 Telegram, from Tokyo to SoS, "Assignment of Filipino Officer to UNC Rear," TOKYO 21736, December 11, 1978, CFPF, RG 59, AAD, NA.
57 Telegram, from Tokyo to SoS, Manila, "Assignment of Additional Personnel to UNC Rear," TOKYO 00793, January 17, 1979, CFPF, RG 59, AAD, NA.
58 Telegram, from SoS to Ottawa, Wellington, London, "UNC Rear," STATE 021847, January 26, 1979, CFPF, RG 59, AAD, NA.
59 Telegram, from Wellington to SoS, "UNC Rear," WELLIN 00828, February 13, 1979, CFPF, RG 59, AAD, NA.
60 Telegram, from London to SoS, "UNC Rear," LONDON 04523, March 5, 1979, CFPF, RG 59, AAD, NA.
61 Telegram, from Wellington to SoS, "UNC Rear," WELLIN 00828, February 13, 1979.
62 Telegram, from Tokyo to SoS, Wellington, "(U) UNC Rear," TOKYO 03194, February 23, 1979, CFPF, RG 59, AAD, NA.
63 *Ibid.*
64 Telegram, from Tokyo to SoS, "(U) Third Country Representation in UN Command Rear," TOKYO 05962, April 6, 1979, CFPF, RG 59, AAD, NA.
65 衆議院外務委員会会議録第19号、1985年6月7日、13頁。また、在日米軍基地の実態に関する証言として、防衛省防衛研究所編「冨澤暉オーラル・ヒストリー」防衛省防衛研究所編『オーラル・ヒスト

TOKYO 08937, June 16, 1977, CFPF, RG 59, AAD, NA.
29 Telegram, from Seoul to SoS, Canberra, Ottawa, Tokyo, "UNC Rear," SEOUL 06246, July 26, 1977, CFPF, RG 59, AAD, NA.
30 「日米共同新聞発表」（1975年8月6日）外務省『わが外交の近況』第20号、1976年、93-96頁。
31 李『未完の平和』、310頁。
32 Telegram, from Seoul to SoS, "UK Participation in UNC Rear," SEOUL 04801, June 10, 1977, CFPF, RG 59, AAD, NA.
33 Telegram, from Seoul to SoS, "UK Assigns Officer to UNC Rear," SEOUL 05918, July 16, 1977, CFPF, RG 59, AAD, NA.
34 Telegram, from Seoul to SoS, Canberra, Ottawa, Tokyo, "UNC Rear," SEOUL 06246, July 26, 1977, CFPF, RG 59, AAD, NA.
35 Telegram, from Seoul to SoS, Canberra, "UNC Rear," SEOUL 06588, August 5, 1977, CFPF, RG 59, AAD, NA.
36 Telegram, from Seoul to SoS, "UNC Rear," SEOUL 08124, September 23, 1977, CFPF, RG 59, AAD, NA.
37 Telegram, from Canberra to SoS, "UN Command Rear Echelon/Japan," CANBER 00628, January 25, 1978, CFPF, RG 59, AAD, NA.
38 Telegram, from Canberra to SoS, "UNC Rear," CANBER 00889, February 6, 1978, CFPF, RG 59, AAD, NA.
39 Telegram, from Seoul to SoS, Canberra, "UNC Rear," SEOUL 01020, February 7, 1978, CFPF, RG 59, AAD, NA.
40 Telegram, from SoS to Manila, "UN Command Rear Echelon/Japan," STATE 051701, February 28, 1978, CFPF, RG 59, AAD, NA.
41 Telegram, from Tokyo to SoS, "UNC Rear," TOKYO 11984, August 9, 1977, CFPF, RG 59, AAD, NA.
42 Telegram, from Seoul to SoS, "Assignment of Philippine Officer to UNC Rear," SEOUL 01272, February 15, 1978, CFPF, RG 59, AAD, NA.
43 Telegram, from Canberra to SoS, "Assignment of Officer to UNC Rear," CANBER 01183, February 16, 1978, CFPF, RG 59, AAD, NA.
44 Telegram, from SoS to Canberra, Seoul, Tokyo, "UNC Rear," STATE 027528, February 2, 1978, CFPF, RG 59, AAD, NA.
45 Telegram, from Tokyo to Canberra, "UNC Rear," TOKYO 01868, February 2, 1978, CFPF, RG 59, AAD, NA.
46 Telegram, from Tokyo to SoS, "Assignment of Australian Officer to UNC Rear," TOKYO 03694, March 7, 1978, CFPF, RG 59, AAD, NA.
47 Telegram, from Seoul to SoS, Ottawa, "Possible Assignment of Canadian Officer to UNC Rear," SEOUL 04532, May 30, 1978, CFPF, RG 59, AAD, NA.
48 *Ibid.*

10 Telegram, from Seoul to SoS, "Draft Letter to UNSC on UNC," SEOUL 04189, June 12, 1975, CFPF, RG 59, AAD, NA.
11 Telegram, from Bangkok to SoS, US Mission USUN New York, "Possible Withdrawal of Philippine (or Thai?) Contingent from Korea," BANGKO 01317, January 21, 1976, CFPF, RG 59, AAD, NA.
12 Telegram, from SoS to Bangkok, "Thai Inquiry on UN Command Procedures," STATE 029167, February 6, 1976, CFPF, RG 59, AAD, NA.
13 米国務省は72年1月の段階から、国連軍地位協定の終了が自動的に吉田アチソン交換公文の終了をもたらすことを理解していた。("The UN Korea, and US Bases in Japan," January 27, 1972, Box 1754, SN 1970-73, RG 59, NA.)
14 "Thai Inquiry on UN Command Procedures,"
15 Telegram, from SoS to Bangkok, "Thai Aviation Detachment to Be Withdrawn from Japan," BANGKO 04762, March 2, 1976, CFPF, RG 59, AAD, NA.
16 衆議院内閣委員会会議録第4号、1982年3月18日。
17 Telegram, Bangkok to SoS, "Thai Withdrawal from UNC (Rear) in Japan," BANGKO 11515, April 26, 1976, CFPF, RG 59, AAD, NA.
18 Telegram, from Ottawa to SoS, "Withdrawal of Thai UNC Aviation Detachment from Japan," OTTAWA 01538, April 21, 1976, CFPF, RG 59, AAD, NA.
19 Telegram, from SoS to Ottawa, "Withdrawal of Thai Aviation Detachment from Japan Possible Replacement by Canadians," STATE 118859, May 14, 1976, CFPF, RG 59, AAD, NA.
20 *Ibid.*
21 Telegram, from SoS to Seoul, "Third Country Participation in UNC (Rear)," STATE 175371, July 15, 1976, CFPF, RG 59, AAD, NA.
22 Telegram, from Seoul to SoS, "Thai Aviation Detachment at UNC (Rear)," SEOUL 05615, July 21, 1976, CFPF, RG 59, AAD, NA.
23 Telegram, from SoS to Seoul, CINCPAC, CINCUNC Japan, CINCUNC Korea, "UNC (Rear)," STATE 181983, July 23, 1976, CFPF, RG 59, AAD, NA.
24 『朝日新聞』1975年6月5日。
25 衆議院外務委員会内閣委員会科学技術振興対策特別委員会連合審査会会議録第1号、1975年6月16日。
26 Telegram, from Tokyo to SoS, "Japanese Reaction to UNC Proposal," TOKYO 08789, July 1, 1975, CFPF, RG 59, AAD, NA.
27 Telegram, from Tokyo to SoS, "Third Country Participation in UNC (Rear)," TOKYO 10917, July 20, 1976, CFPF, RG 59, AAD, NA.
28 Telegram, from Tokyo to SoS, "UK Participation in UNC Rear,"

40 Memo, Packard to Secretaries of Military Departments, et al., "US Bases and Forces in Japan, the Ryukyus, the Philippines and Guam," September 5, 1969, DNSA I, JU01115.
41 川名晋史「基地政策をめぐる時間」高橋良輔、山崎望編『時政学への挑戦―政治研究の時間論的転回』ミネルヴァ書房、2021年、161-184頁。
42 川名『基地の消長 1968-1973』118-119頁。
43 川名「基地政策をめぐる時間」167頁。
44 川名『基地はなぜ沖縄でなければいけないのか』172頁。
45 川瀬光義『基地維持政策と財政』日本経済評論社、2013年、169頁。
46 河野啓「本土復帰後40年間の沖縄県民意識」『NHK 放送文化研究所年報2013』第57集、2013年。

第５章
1 倉田秀也「米中接近と朝鮮戦争軍事停戦体制―国連軍司令部の温存と米朝直接協議提案の起源」『法學研究』Vol.83, No.12, 2010年12月、373-419頁。増田弘『ニクソン訪中と冷戦構造の変容―米中接近の衝撃と周辺諸国』慶應義塾大学出版会、2006年。
2 李東俊『未完の平和―米中和解と朝鮮問題の変容 1969-1975』法政大学出版局、2010年、259-265頁。
3 National Security Study Memorandum 190, Washington, December 31, 1973（Top Secret）, *FRUS, 1969-1976*, Volume E-12, Documents on East and Southeast Asia, 1973-1976, Document 248.
4 NSDM 251: Termination of the UN Command in Korea, March 29, 1974, 石井修監修『アメリカ合衆国対日政策文書集成第34期 ニクソン大統領文書第10巻』柏書房、2014年、277頁。
5 石井修『覇権の翳り―米国のアジア政策とは何だったのか』柏書房、2015年、71頁。
6 外務省「いわゆる『密約』問題に関する有識者委員会報告書」2010年３月９日、53頁。
7 NSDM 262: Use of US Bases in Japan in the Event of Aggression against South Korea, July 29, 1974, 石井修監修『アメリカ合衆国対日政策文書集成第32期 ニクソン大統領文書第７巻』柏書房、2013年、245頁。
8 本章、以下の議論は、川名晋史「米中和解後の在日国連軍基地の存続をめぐる政治過程」『国際安全保障』51巻２号、2023年９月、2023年９月、80-99頁参照。
9 Telegram, from Seoul to SoS, Bangkok, "Thai Withdrawal from UNC," SEOUL 07299, September 18, 1975, Central Foreign Policy Files, Record Group 59, Access to Archival Databases（AAD）, National Archives［hereafter CFPF, RG 59, AAD, NA］.

23 *Report to the Committee on Foreign Relations of the United States Senate by the Subcommittee on Security Agreements and Commitments Abroad*, December 21, 1970.
24 『朝日新聞』1970年８月24日、夕刊。
25 第63回国会参議院外務委員会会議録第２号、1970年８月27日。同国会衆議院外務委員会第19号、1970年９月10日。
26 Cable, Meyer to DoS, "Base Realignments: 12th SCC Meeting," December 21, 1970, NSA, Japan and the United States: diplomatic, security, and economic relations, 1960-1976, JU01353.
27 Telegram, Meyer to SoS, "F-4 Deployments," September 8, 1970, Subject Decimal Files ISA 1969, Box 14, RG 330, NA.
28 Telegram, Tokyo to SoS, "USG/GOJ SCC Meeting: Joint Press Statement," December 21, 1970, Subject Numeric Files, 1970-73, Political and Defense, Box 1752, RG 59, NA.
29 Airgram, Tokyo to DoS, "XII Meeting of the Security Consultative Committee," January 4, 1971, Subject Numeric Files, 1970-73, Political and Defense, Box 1753, RG 59, NA.
30 防衛省防衛研究所戦史部編『中村悌次オーラル・ヒストリー下巻』防衛研究所、2006年、68頁。
31 同上、69頁。
32 「衆議院議員照屋寛徳君提出ＭＶ22オスプレイを使用した日米共同訓練と日米地位協定に関する質問に対する答弁書」、内閣衆質185第８号、2013年10月25日。
33 この辺り、川名晋史「1960年代の海兵隊『撤退』計画にみる普天間の輪郭」屋良朝博他『沖縄と海兵隊—駐留の歴史的展開』旬報社、2016年、53-84頁。
34 参議院外務委員会会議録、第１号、1972年８月22日。
35 『朝日新聞』1972年５月15日、夕刊。衆議院外務委員会会議録、第１号、1972年８月22日。
36 「佐藤栄作総理大臣とリチャード・Ｍ・ニクソン大統領との間の共同声明」1969年11月21日、『わが外交の近況』第14号、399-403頁。
37 外務省「いわゆる『密約』問題に関する有識者委員会報告書」2010年３月９日、55頁。懐疑的な立場としては、たとえば、道下徳成、東清彦「朝鮮半島有事と日本の対応」木宮正史編『朝鮮半島と東アジア』岩波書店、2015年。千々和泰明『戦後日本の安全保障』中央公論新社、2022年。
38 Memo, Clifford to Secretaries of the Military Departments (et al.), "U.S. Bases and Forces in Japan and Okinawa," December 6, 1968, DNSA III, JT00053.
39 Memo, Chafee to SoD, "Post-Project 703 Marine Forces on Okinawa," September 6, 1969, DNSA III, JT00069.

JT00052.

10 *Ibid.*, p. 6/7.

11 *Ibid.*

12 *Report to the Committee on Foreign Relations of the United States Senate by the Subcommittee on Security Agreements and Commitments Abroad*, December 21, 1970, pp.19-20.

13 Airgram, Meyer to SoS, "DOD Installation and Activity Reductions," December 1, 1970, NSA, Japan and the United States: diplomatic, security, and economic relations, 1960-1976, JU01350.

14 Airgram, Tokyo to DoS, "SCC Meeting, January 23, 1973" January 31, 1973, Subject Numeric Files, 1970-73, Political and Defense, Box 1753, RG 59, NA.

15 Telegram, Tokyo to SoS, "Meetings on U.S.-Japan Security Problems" January 24, 1973, DNSA, Japan and the United States: diplomatic, security, and economic relations, 1960-1976, JU01693.

16 Memo, Bundy to Chairman of NSA Review Group, "Japan Policy," March 27, 1969, DNSA I, JU01053.

17 DoD, *Response to National Security Study Memorandum #9: "Review of the International Situation" as of 20 January 1969*, February, 1969 [no date], DNSA I, JU01043, p. II-8.

18 *Background-The Security Treaty and Japan's Defense, United States Department of State Bureau of East Asian and Pacific Affairs, Office of Japanese Affairs*, November 1969, DNSA I, JU01151, pp.2-3.

19 United States Congress Senate, Committee on Foreign Relations Subcommittee on United States Security Agreements and, Commitments Abroad, *Security Agreements and Commitments in Japan Volume One*, January 26, 1970, NSA, *Japan and the United States: diplomatic, security, and economic relations, Part III*, 1961-2000, JT00082.

20 United States Congress Senate Committee on Foreign Relations Subcommittee on United States Security Agreements and, Commitments Abroad, *Security Agreements and Commitments in Japan*, January 27, 1970, NSA, *Japan and the United States: diplomatic, security, and economic relations, 1977-1992*, JA00043, p.239.

21 「日米安保条約の問題点について」1966年4月16日、外務省『わが外交の近況』第11号、1967年（外務省ウェブサイト）。

22 以下、United States Congress Senate Committee on Foreign Relations Subcommittee on United States Security Agreements and, Commitments Abroad, *Security Agreements and Commitments in Japan*, January 27, 1970, NSA, *Japan and the United States: diplomatic, security, and economic relations, 1977-1992*, JA00043.

日。
26 波多野澄雄『歴史としての日米安保条約』岩波書店、2010年、103-104頁。
27 この辺りの経緯は、明田川融『日米行政協定の政治史』法政大学出版局、1999年。山本章子『日米地位協定』中央公論新社、2019年が詳しい。
28 琉球新報社編『日米地位協定の考え方・増補版』高文研、2004年、51頁。
29 『毎日新聞』夕刊、1959年12月11日。
30 衆議院本会議会議録第19号、1959年12月16日。
31 参議院外務委員会会議録第17号、1959年12月12日。
32 衆議院本会議会議録第19号、1959年12月16日。
33 同上。
34 衆議院日米安全保障条約等特別委員会会議録第17号、1960年4月13日。
35 同上。
36 同上。
37 同上。

第4章
1 本章の議論の詳細は、川名晋史『基地の消長 1968-1973』勁草書房、2020年、『基地はなぜ沖縄でなければいけないのか』筑摩書房、2022年を参照されたい。
2 川名晋史「砂川闘争・基地問題」筒井清忠編『昭和史講義【戦後篇】(上)』筑摩書房、2020年、285-304頁。
3 小熊英二『1968〈上〉』新曜社、2009年、509頁。
4 Telegram, Tokyo to SoS, "Storm Signals on US Base Issue," June 6, 1968, Box 1562, CFPF, 1967-1969, RG 59, NA.
5 Deptel, DoS to Tokyo and CINCPAC, July 8, 1968, Box 1562, CFPF, 1967-1969, RG 59, NA.
6 Telegram, Tokyo to SoS, "U.S. Bases in Japan," September 27, 1968, Box 1562, CFPF, 1967-1969, RG 59, NA.
7 Telegram, DoS to Tokyo and CINCPAC, November 9, 1968, Box 1562, CFPF, 1967-1969, RG 59, NA.
8 Enthoven to Warnke, "U.S. Bases in Japan," November 6, 1968, Box 13, ISA Subject Decimal Files 1968-1968, RG 330, NA.
9 Memo, Enthoven to Secretary of Defense, "U.S. Bases and Forces in Japan and Okinawa," December 2, 1968, DNSA, Japan and the United States: Diplomatic, Security, and Economic Relations, Part III［III］: 1961-2000, JT00051; Memo, Morris to Nitze, "Military Budget Proposals: Includes Attachments," December 4, 1968, DNSA III,

6 豊田祐基子『日米安保と事前協議制度―「対等性」の維持装置』吉川弘文館、2015年、91頁。
7 外務省「いわゆる『密約』問題に関する有識者委員会報告書」2010年3月9日。
8 同上、50-51頁。
9 細谷千博ほか編『日米関係資料集1945-97』東京大学出版会、1999年、515頁。
10 外務省「いわゆる『密約』問題に関する有識者委員会報告書」、55頁。
11 「佐藤栄作総理大臣とリチャード・M・ニクソン大統領との間の共同声明」、1969年11月21日、『わが外交の近況』第14号、399-403頁。
12 ナショナル・プレス・クラブにおける佐藤栄作総理大臣演説、1969年11月21日。
13 National Security Decision Memorandum 262, "Use of U.S. Bases in Japan in the Event of Aggression Against South Korea," July 29, 1974（石井修監修『アメリカ合衆国対日政策文書集成第39期第6巻』柏書房、2016年11月、86頁）.
14 外務省編纂『日本外交文書　サンフランシスコ平和条約調印・発効』外務省、2009年、215頁。
15 外務省編纂『日本外交文書　平和条約の締結に関する調書』第3冊、外務省、2002年、235頁。
16 衆議院本会議会議録第19号、1959年12月16日。
17 これまでの朝鮮半島をめぐる多国間安全保障協力に関する議論は、倉田秀也「日米韓安保提携の起源―『韓国条項』前史の解釈的再検討」日韓歴史共同研究委員会『日韓歴史共同研究報告書 第3分科篇下巻』2005年11月、201-232頁。
18 この問題に関する優れた研究は、信夫隆司『日米安保条約と事前協議制度』弘文堂、2014年、第3章。
19 "Telegram From the Embassy in Japan to the Department of State, No.2344, May 8, 1959," *FRUS, 1958-1960*, Vol. XⅧ, Japan: Korea.
20 「五月八日藤山大臣在京米大使会談録」1959年5月8日、「1960年1月の安保条約改定時の核持込みに関する「密約」調査関連文書」2-55.
21 信夫『日米安保条約と事前協議制度』146頁。
22 「七月六日総理外務大臣在京米大使会談録」、1959年7月6日、「1960年1月の安保条約改定時の核持込みに関する「密約」調査関連文書」2-1.
23 "Telegram From the Embassy in Japan to the Department of State, No.2643, June 10, 1959," *FRUS, 1958-1960*, Vol. XⅧ, Japan: Korea.
24 参議院外務委員会会議録第17号、1959年12月12日。
25 沖縄及び北方問題に関する特別委員会会議録第10号、1972年6月9

1951年９月８日、データベース「世界と日本」日本政治・国際関係データベース、政策研究大学院大学・東京大学東洋文化研究所。
47 豊下楢彦『安保条約の成立』、108頁。
48 外務省編纂『日本外交文書 平和条約の締結に関する調書 第５冊(Ⅷ)』外務省、2002年、405頁。
49 衆議院外務委員会会議録第37号、1954年４月20日。
50 『朝日新聞』1952年２月29日。
51 『朝日新聞』1952年７月９日。
52 『朝日新聞』1952年７月30日夕刊。
53 『朝日新聞』1952年９月27日。
54 「日本国における国際連合の軍隊の地位に関する協定」外務省ウェブサイト（https://www.mofa.go.jp/mofaj/files/000358947.pdf）。
55 「日本国における国際連合の軍隊の地位に関する協定についての合意された合意議事録」外務省ウェブサイト（https://www.mofa.go.jp/mofaj/files/000358948.pdf）。
56 衆議院外務委員会会議録第37号、1954年４月20日。
57 『朝日新聞』1954年６月29日。
58 衆議院外務委員会会議録第37号、1954年４月20日。
59 同上。
60 同上。
61 国連憲章第52条は次のものである。「この憲章のいかなる規定も、国際の平和及び安全の維持に関する事項で地域的行動に適当なものを処理するための地域的取極又は地域的機関が存在することを妨げるものではない。但し、この取極又は機関及びその行動が国際連合の目的及び原則と一致することを条件とする」
62 衆議院外務委員会会議録第37号、1954年４月20日。
63 同上。
64 同上。

第３章

1 この辺り、坂元一哉『日米同盟の絆―安保条約と相互性の模索』有斐閣、2000年、195-197頁。
2 東郷文彦『日米外交三十年―安保・沖縄とその後』中央公論社、1989年、75-77頁。
3 衆議院予算委員会会議録第９号、1960年２月13日。
4 NATO 条約において、NATO 加盟国の軍が他国に駐留する際の根拠は第３条、すなわち「締約国はこの条約の目的をいっそう有効に達成するために、武力攻撃に対抗する個別的及び集団的能力を維持し発展させる」にある。
5 衆議院日米安全保障条約等特別委員会会議録第４号、1960年２月26日。

298頁。
27 同上、297頁。
28 ホプキンス「朝鮮戦争とイギリス―英米関係へのインパクト」112頁。
29 Anthony Farrar-Hockley, *The British Part in the Korean War Vol.II*, London: HMSO, 1990, p.405.
30 *Ibid.*, p.306.
31 旧日米安保条約については、楠綾子『吉田茂と安全保障政策の形成』ミネルヴァ書房、2009年。豊下楢彦『安保条約の成立―吉田外交と天皇外交』岩波書店、1996年。坂元一哉『日米同盟の絆―安保条約と相互性の模索』有斐閣、2000年参照。
32 豊下楢彦『安保条約の成立』103頁。
33 池田慎太郎「国内問題としての日米同盟」竹内俊隆編『日米同盟論』ミネルヴァ書房、2011年、127-152頁。
34 田中明彦『安全保障―戦後50年の模索』読売新聞社、1997年、163頁。
35 西村熊雄『安全保障条約論』時事通信社、1959年、87頁。
36 日米行政協定については、明田川融『日米行政協定の政治史』法政大学出版局、1999年が詳しい。
37 この辺りの経緯は、信夫隆司『米軍基地権と日米密約』岩波書店、2019年、第1章。
38 佐々山泰弘『パックスアメリカーナのアキレス腱』御茶の水書房、2019年。川名晋史編『基地問題の国際比較―「沖縄」の相対化』明石書店、2021年。
39 信夫『米軍基地権と日米密約』51-54頁。
40 同上、56頁。
41 基地問題調査委員会編『軍事基地の実態と分析』三一書房、1954年、51頁。
42 猪俣浩三、木村禧八郎、清水幾太郎編『基地日本―うしなわれいく祖国のすがた』和光社、1953年、255頁。
43 川名晋史『基地の政治学―戦後米国の海外基地拡大政策の起源』白桃書房、2012年。
44 この辺り、川名晋史『基地はなぜ沖縄でなければいけないのか』筑摩書房、2022年。
45 条約法に関するウィーン条約では、「「条約」とは、国の間において文書の形式により締結され、国際法によって規律される国際的な合意（単一の文書によるものであるか関連する二以上の文書によるものであるかを問わず、また、名称のいかんを問わない）をいう」と規定している（第2条1(a)）。
46 全文は「日本国とアメリカ合衆国との間の安全保障条約の署名に際し吉田内閣総理大臣とアチソン国務長官との間に交換された公文」

が詳しい。

10 香西茂『国連の平和維持活動』有斐閣、1991年、第1章。

11 竹前・笹本「朝鮮戦争と『国連軍』地位協定―日本の位置」170頁。

12 この辺り、Leland M. Goodrich, *Korea: A Study of U.S. Policy in the United Nations*, New York: Council on Foreign Relations, 1956.

13 Trygve Lie, *In the Cause of Peace: Seven Years with the United Nations*, New York: The Macmillan Company, 1954, p.333.

14 1956年のスエズ動乱に際して編成、派遣された国連緊急軍（UNEF）は、緊急特別総会が設置したものであり、国連憲章上の根拠は、総会の補助機関設置に関する第22条に求められた。指揮の面では、国連の直接の統括下に置かれ、指揮権が米国に委ねられた朝鮮の場合とは対照的である。また、財政面でも国連軍の経費は国連の通常予算以外の特別会計で賄われた。1960年7月にコンゴに派遣された国連軍（ONUC）も、スエズ動乱と同様その設置は、アドホックな基礎に立つものであり、軍隊の編成と使用は、関係国の同意に委ねられた。財政面においても総会決議に基づき、国連軍の経費はコンゴにおける民事活動一般の経費とともに、国連により賄われる措置がとられた。（香西茂「国連軍」田畑茂二郎編『国際連合の研究 田岡良一先生還暦記念論文集 第1巻』有斐閣、1962年、88-127頁）

15 衆議院本会議会議録第3号、1950年7月14日。

16 Goodrich, *Korea*, p.117.

17 芦田茂「朝鮮戦争と日本」『戦争史日韓学術会議（平成15年度）』2005年3月、103-126頁。

18 フランク・コワルスキー（勝山金次郎訳）『日本再軍備―米軍事顧問団幕僚長の記録』サイマル出版会、1969年、20-21頁。

19 真鍋祐子「軍都・小倉と朝鮮戦争」崔銀姫編著『東アジアと朝鮮戦争七〇年―メディア・思想・日本』明石書店、2022年、320-368頁。

20 芦田「朝鮮戦争と日本」115-116頁。

21 柳本見一『激動の二十年：福岡県の戦後史』明石書店、毎日新聞西部本社、1965年、169-172頁。

22 芦田「朝鮮戦争と日本」110頁。その他、海上保安庁日本特別掃海隊が朝鮮海域に派遣されている。この辺り、鈴木英隆「朝鮮海域に出撃した日本特別掃海隊―その光と影」『戦史研究年報』第8号、2005年3月、26-46頁。

23 マイケル・ホプキンス「朝鮮戦争とイギリス―英米関係へのインパクト」戦争史研究国際フォーラム報告書「朝鮮戦争の再検討：その遺産」2007年3月、94-114頁。

24 『朝日新聞』1950年7月2日。

25 呉市史編纂委員会編『呉市史』呉市市役所8巻。

26 千田武志『英連邦軍の日本進駐と展開』御茶の水書房、1997年、少将の見た日本占領と朝鮮戦争』社会評論社、2008年、9-12頁。
20 Grey, *The Commonwealth armies and the Korean War*, p.49.
21 千田『英連邦軍の日本進駐と展開』131頁。
22 同上、138頁。
23 奥田「占領期日本と英連邦軍」6頁。
24 Roger Buckley, *Occupation Diplomacy: Britain, the United States and Japan 1945-1952*, Cambridge; New York: Cambridge University Press, 1982, p.98.
25 奥田「占領期日本と英連邦軍」12-13頁。
26 この辺り、Brig R.Singh, *Official History of the Indian Armed Forces in the Second World War 1939-45, Post-War Occupation Forces: Japan and South-East Asia*, Verlag : Naval & Military Press, 2015.
27 千田『英連邦軍の日本進駐と展開』170頁。
28 同上、172頁。
29 同上、173-174頁。
30 Grey, *The Commonwealth armies and the Korean War*, p.53.
31 千田『英連邦軍の日本進駐と展開』177頁。
32 Grey, *The Commonwealth armies and the Korean War*, p.55.
33 *Ibid.*

第2章
1 参議院外務委員会会議録第17号、1959年12月12日。
2 その半年前の1月12日、アチソン（Dean Acheson）米国務長官は、ナショナル・プレスクラブでの演説で、韓国が米国の防衛ラインに含まれない旨、発言していた。（Dean Acheson, *Present at the Creation: My Years in the State Department*, New York: W.W. Norton, 1969, p.409-411.）なお、朝鮮戦争の経緯については、永井陽之助『冷戦の起源—戦後アジアの国際環境Ⅱ』中央公論新社、2013年。信夫清三郎『朝鮮戦争の勃発』福村叢書、1969年。赤木完爾『朝鮮戦争』慶應義塾大学出版会、2003年。小此木政夫『朝鮮戦争』中央公論社、1986年参照。
3 安全保障理事会決議82 S/1501.
4 安全保障理事会決議83 S/1511.
5 安全保障理事会決議84 S/1588.
6 竹前永治、笹本征男「朝鮮戦争と『国連軍』地位協定—日本の位置」『東京経済大学誌. 経済学』217号、2000年3月、167-189頁。
7 同上、172頁。
8 我部政明、豊田祐基子『東アジアの米軍再編—在韓米軍の戦後史』吉川弘文館、2022年、47頁。
9 ディヴィッド・ハルバースタム（山田耕介、山田侑平訳）『ザ・コールデスト・ウィンター 朝鮮戦争（上）（下）』、文藝春秋、2012年

注記一覧

第1章

1　新井京『沖縄の引き延ばされた占領―「あめりか世」の法的基盤』有斐閣、2023年、95-98頁。
2　安藤敏夫「基地と農民の被害」猪俣浩三ほか編『基地日本』和光社、1953年、271頁。
3　同上、290頁。
4　この辺り、基地問題調査委員会『軍事基地の実態と分析』三一書房、1954年。
5　時事問題研究所『米軍基地―誰のためのものか』1968年、229-230頁。
6　春日井邦夫『基地闘争―軍事基地反対運動の実態と分析』国際政経調査会、1963年。青島章介、信太忠二『基地闘争史』社会新報、1968年が詳しい。
7　川名晋史「68年基地問題と再編計画の始動」『近畿大学法学』第61巻、第2-3合併号、2013年12月、263-299頁。
8　以下、砂川事件、内灘事件、ジラード事件については、川名晋史「砂川闘争・基地問題」筒井清忠編『昭和史講義【戦後編】（上）』筑摩書房、2020年、285-304頁を参照。
9　布川玲子、新原昭治編『砂川事件と田中最高裁長官』日本評論社、2013年。
10　山本英政『米兵犯罪と日米密約』明石書店、2015年。
11　Jeffrey Grey, *The Commonwealth armies and the Korean War*, Manchester: Manchester University Press, 1988, p.49.
12　竹前栄治「英連邦日本占領軍（BCOF）の成立(1)（上）」『東京経大学会誌．経済学』207号、1998年1月、173-183頁。
13　William Macmahon Ball, *Australia and Japan*, Penerbitan: Thomas Nelson, 1969, p.108.
14　D M. Horner, *High Command: Australia & Allied Strategy 1939-1945*, Sydney: George Allen & Unwin, 1982, p.421.
15　千田武志『英連邦軍の日本進駐と展開』御茶の水書房、1997年、68頁。
16　千田武志「英連邦軍の進駐と日本人との交流」平間洋一ほか編『日英交流史1600-2000』東京大学出版会、2001年、325頁。
17　千田『英連邦軍の日本進駐と展開』70頁。
18　奥田泰広「占領期日本と英連邦軍―イギリス部隊の撤退政策を中心に」『愛知県立大学外国語学部紀要』第52号、2020年3月、1-20頁。
19　サー・セシル・バウチャー（加藤恭子・今井萬亀子訳）『英国空軍

Prasad, Bisheshwar. ed., *Official History of the Indian Armed Forces in the Second World War 1939-45—Post-War Occupation Forces: Japan and South-East Asia*, Uckfield: East Sussex: Naval & Military Press, 2015.

村田晃嗣『大統領の挫折―カーター政権の在韓米軍撤退政策』有斐閣、1998年。

森本敏『普天間の謎―基地返還問題迷走15年の総て』海竜社、2010年。

森本敏『米軍再編と在日米軍』文藝春秋、2006年。

守屋武昌『「普天間」交渉秘録』新潮社、2012年。

守屋武昌『日本防衛秘録』新潮社、2013年。

柳本見一『激動二十年―福岡県の戦後史』毎日新聞西部本社、1965年。

山口二郎、中北浩爾編『民主党政権とは何だったのか―キーパーソンたちの証言』岩波書店、2014年。

山本英政『米兵犯罪と日米密約―「ジラード事件」の隠された真実』明石書店、2015年。

山本章子、宮城裕也『日米地位協定の現場を行く―「基地のある街」の現実』岩波書店、2022年。

山本章子「米国の普天間移設の意図と失敗」『沖縄法政研究』第19号、2017年2月、1-22頁。

山本章子『日米地位協定―在日米軍と「同盟」の70年』中央公論新社、2019年。

吉田健一「鳩山由紀夫政権における外交政策の研究」『政策科学』第27巻、第4号、2020年3月、231-249頁。

吉田真吾『日米同盟の制度化―発展と深化の歴史過程』名古屋大学出版会、2012年。

吉次公介『日米安保体制史』岩波書店、2018年。

李東俊『未完の平和―米中和解と朝鮮問題の変容　1969～1975年』法政大学出版局、2010年。

琉球新報社編『日米地位協定の考え方・増補版』高文研、2004年。

【英語文献】
Buckley, Roger, *Occupation Diplomacy: Britain, the United States and Japan 1945-1952*, Cambridge; New York: Cambridge University Press, 1982.
Cancian, Mark F., Matthew Cancian, and Eric Heginbotham, *The First Battle of the Next War: Wargaming a Chinese Invasion of Taiwan*, January 2023, Center for Strategic International Studies.
Goodrich, Leland M., *Korea: A Study of U.S. Policy in the United Nations*, New York: Council on Foreign Relations, 1956.
Grey, Jeffrey, *The Commonwealth armies and the Korean War*, Manchester: Manchester University Press, 1988.
Horner, D. M., *High Command: Australia & Allied Strategy, 1939-1945*, Sydney: George Allen & Unwin, 1982.
Pettyjohn, Stacie L. and Alan J. Vick, *The Posture Triangle: A New Framework for U.S. Air Force Global Presence*, Rand Corporation, 2013.

豊下楢彦『安保条約の成立―吉田外交と天皇外交』岩波書店、1996年。

豊田祐基子『日米安保と事前協議制度―「対等性」の維持装置』吉川弘文館、2015年。

永井陽之助『冷戦の起源―戦後アジアの国際環境Ⅱ』中央公論新社、2013年。

中島琢磨『沖縄返還と日米安保体制』有斐閣、2012年。

成田千尋『沖縄返還と東アジア冷戦体制―琉球 / 沖縄の帰属・基地問題の変容』人文書院、2020年。

西村熊雄『安全保障条約論』時事通信社、1959年。

野添文彬『沖縄県知事―その人生と思想』新潮社、2022年。

野添文彬『沖縄米軍基地全史』吉川弘文館、2020年。

波多野澄雄『歴史としての日米安保条約―機密外交記録が明かす「密約」の虚実』岩波書店、2010年。

波多野澄雄編『冷戦変容期の日本外交―「ひよわな大国」の危機と模索』ミネルヴァ書房、2013年。

ハルバースタム、デイヴィッド（山田耕介、山田侑平訳）『ザ・コールデスト・ウィンター　朝鮮戦争（上）』文藝春秋、2012年。

布川玲子、新原昭治編『砂川事件と田中最高裁長官―米解禁文書が明らかにした日本の司法』日本評論社、2013年。

福田毅『アメリカの国防政策―冷戦後の再編と戦略文化』昭和堂、2011年。

福好昌治「再編される米太平洋軍の基地」『レファレンス』第669号、2006年10月、72-99頁。

船橋洋一『同盟漂流』岩波書店、1997年。

細谷千博、有賀貞、石井修、佐々木卓也編『日米関係資料集1945-97』東京大学出版会、1999年。

細谷雄一『安保論争』筑摩書房、2016年。

ホプキンス、マイケル「朝鮮戦争とイギリス―英米関係へのインパクト―」戦争史研究国際フォーラム「朝鮮戦争の再検討」2006年9月20日・21日、https://www.nids.mod.go.jp/event/proceedings/forum/pdf/2006/forum_j2006_09.pdf.

本多倫彬「ジブチ」川名晋史編『世界の基地問題と沖縄』明石書店、2022年、133-149頁。

増田弘編『ニクソン訪中と冷戦構造の変容―米中接近の衝撃と周辺諸国』慶應義塾大学出版会、2006年。

真鍋祐子「軍都・小倉と朝鮮戦争」崔銀姫編『東アジアと朝鮮戦争七〇年―メディア・思想・日本』明石書店、2022年、320-368頁。

道下徳成、東清彦「朝鮮半島有事と日本の対応」木宮正史編『朝鮮半島と東アジア』岩波書店、2015年、179-205頁。

宮城大蔵・渡辺豪『普天間・辺野古―歪められた二〇年』集英社、2016年。

篠田英朗『集団的自衛権の思想史—憲法九条と日米安保』風行社、2016年。

信夫清三郎『朝鮮戦争の勃発』福村出版、1969年。

信夫隆司『日米安保条約と事前協議制度』弘文堂、2014年。

信夫隆司『米軍基地権と日米密約—奄美・小笠原・沖縄返還を通して』岩波書店、2019年。

辛女林「空母艦載機部隊の岩国基地への移駐—基地政策における負担と経済的利益の配分」川名晋史編『基地問題の国際比較—「沖縄」の相対化』明石書店、2021年、109-128頁。

鈴木滋「米海兵隊の新たな戦略コンセプトと将来計画」『レファレンス』第867号、2023年3月、31-60頁。

鈴木英隆「朝鮮海域に出撃した日本特別掃海隊—その光と影」『戦史研究年報』第8号、2005年3月、24-46頁。

春原剛『米朝対立—核危機の十年』日本経済新聞社、2004年。

「政治家橋本龍太郎」編集委員会編『61人が書き残す政治家 橋本龍太郎』文藝春秋、2012年。

添谷芳秀『安全保障を問いなおす「九条－安保体制」を越えて』NHK出版、2016年。

平良好利『戦後沖縄と米軍基地—「受容」と「拒絶」のはざまで 1945-1972年』法政大学出版局、2012年。

竹内俊隆編『日米同盟論—歴史・機能・周辺諸国の視点』ミネルヴァ書房、2011年。

武田康裕『日米同盟のコスト—自主防衛と自律の追求』亜紀書房、2019年。

竹前栄治、笹本征男「朝鮮戦争と『国連軍』地位協定—日本の位置」『東京経済大学会誌』第217号、2000年3月、167-189頁。

竹前栄治「英連邦日本占領軍（BCOF）の成立(1)戦争勃発から「マッカーサー・ノースコット協定」まで（上)」『東京経済大学会誌（経済学)』第207号、1998年1月、173-183頁。

田中明彦『安全保障—戦後50年の模索』読売新聞社、1997年。

千田武志「英連邦軍の進駐と日本人との交流」平間洋一、イアン・ガウ、波多野澄雄編『日英交流史1600-2000』東京大学出版会、2001年。

千田武志『英連邦軍の日本進駐と展開』御茶の水書房、1997年。

千々和泰明『安全保障と防衛力の戦後史 1971-2010—「基盤的防衛力構想」の時代』千倉書房、2021年。

千々和泰明『戦後日本の安全保障—日米同盟、憲法9条からNSCまで』中央公論新社、2022年。

東郷文彦『日米外交三十年—安保・沖縄とその後』中央公論社、1989年。

冨澤暉「日韓関係と国連軍地位協定—朝鮮半島における国連軍（多国籍軍）の存在意義とわが国の対応」『防衛学研究』第52号、2015年3月、71-82頁。

基地問題調査委員会編『軍事基地の実態と分析』三一書房、1954年。

楠綾子『吉田茂と安全保障政策の形成―日米の構想とその相互作用 1943～1952年』ミネルヴァ書房、2009年。

熊本博之『交差する辺野古』勁草書房、2021年。

熊本博之『辺野古入門』筑摩書房、2022年。

倉田秀也「日米韓安保提携の起源―『韓国条項』前史の解釈的再検討」日韓歴史共同研究委員会『日韓歴史共同研究報告書 第3分科篇下巻』2005年11月、201-232頁。

倉田秀也「米中接近と朝鮮戦争軍事停戦体制―国連軍司令部の温存と米朝直接協議提案の起源」『法學研究』第83巻第12号、2010年12月、373-419頁。

栗田尚弥編『米軍基地と神奈川』有隣堂、2011年。

栗山尚一著、中島琢磨、服部龍二、江藤名保子編『外交証言録―沖縄返還・日中国交正常化・日米「密約」』岩波書店、2010年。

香西茂「国連軍」田畑茂二郎編『国際連合の研究―田岡良一先生還暦記念論文集』第1巻、1962年、88-127頁。

香西茂『国連の平和維持活動』有斐閣、1991年。

河野啓「本土復帰後40年間の沖縄県民意識」『NHK 放送文化研究所年報2013』第57集、2013年、87-141頁。

河野康子、渡邉昭夫編『安全保障政策と戦後日本 1972～1994―記憶と記録の中の日米安保』千倉書房、2016年。

河野康子『沖縄返還をめぐる政治と外交―日米関係史の文脈』東京大学出版会、1994年。

神山智美「公有水面埋立承認・着工後の計画変更に係る一考察」『富大経済論集』第65巻第1号、2019年7月、47-86頁。

五味洋治『朝鮮戦争は、なぜ終わらないのか』創元社、2017年。

崔慶原『冷戦期日韓安全保障関係の形成』慶應義塾大学出版会、2014年。

齊藤孝祐「在外基地再編をめぐる米国内政治とその戦略的波及」屋良朝博、川名晋史、齊藤孝祐、野添文彬、山本章子『沖縄と海兵隊―駐留の歴史的展開』旬報社、2016年。

坂本一哉『日米同盟の絆―安保条約と相互性の模索』有斐閣、2000年。

佐々山泰弘『パックスアメリカーナのアキレス腱―グローバルな視点から見た米軍地位協定の比較研究』御茶の水書房、2019年。

佐竹知彦『日豪の安全保障協力―「距離の専制」を越えて』勁草書房、2022年。

佐道明広『戦後政治と自衛隊』吉川弘文館、2019年。

佐道明広『戦後日本の防衛と政治』吉川弘文館、2003年。

真田尚剛『「大国」日本の防衛政策―防衛大綱に至る過程 1968～1976年』吉田書店、2021年。

時事問題研究所編『米軍基地―誰のためのものか』時事問題研究所、1968年。

秋、2020年。

沖縄平和協力センター監修、上杉勇司編『米軍再編と日米安全保障協力—同盟摩擦の中で変化する沖縄の役割』福村出版、2008年。

奥田泰広「占領期日本と英連邦軍—イギリス部隊の撤退政策を中心に—」『愛知県立大学外国語学部紀要』第52号、2020年3月、1-20頁。

小熊英二『1968〈上〉若者たちの叛乱とその背景』新曜社、2009年。

小此木政夫『朝鮮戦争—米国の介入過程』中央公論社、1986年。

折田正樹著、服部龍二、白鳥潤一郎編『外交証言録—湾岸戦争・普天間問題・イラク戦争』岩波書店、2013年。

春日井邦夫『基地闘争—軍事基地反対運動の実態と分析』国際政経調査会、1963年。

我部政明、豊田祐基子『東アジアの米軍再編—在韓米軍の戦後史』吉川弘文館、2022年。

我部政明『沖縄返還とは何だったのか』NHK出版、2000年。

我部政明『世界のなかの沖縄、沖縄のなかの日本—基地の政治学』世織書房、2003年。

我部政明『戦後日米関係と安全保障』吉川弘文館、2007年。

川上高司「在日米軍再編と日米同盟」『国際安全保障』第33巻第3号、2005年12月、17-40頁。

川瀬光義『基地維持政策と財政』日本経済評論社、2013年。

川名晋史「1960年代の海兵隊『撤退』計画にみる普天間の輪郭」屋良朝博、川名晋史、齊藤孝祐、野添文彬、山本章子『沖縄と海兵隊—駐留の歴史的展開』旬報社、2016年。

川名晋史「68年基地問題と再編計画の始動」『近畿大学法学』第61巻第2-3合併号、2013年12月、263-299頁。

川名晋史「基地政策をめぐる時間」高橋良輔、山崎望編『時政学への挑戦—政治研究の時間論的転回』ミネルヴァ書房、2021年。

川名晋史「砂川闘争と基地問題」筒井清忠編『昭和史講義 戦後篇（上）』筑摩書房、2020年。

川名晋史『基地の消長—日本本土の米軍基地「撤退」政策』勁草書房、2020年。

川名晋史『基地の政治学—戦後米国の海外基地拡大政策の起源』白桃書房、2012年。

川名晋史『基地はなぜ沖縄でなければいけないのか』筑摩書房、2022年。

川名晋史「米中和解後の在日国連軍基地の存続をめぐる政治過程」『国際安全保障』51巻、2号、2023年9月、80-99頁。

川名晋史編『基地問題の国際比較—「沖縄」の相対化』明石書店、2021年。

菊池茂雄「沿海域作戦に関する米海兵隊作戦コンセプトの展開—『前方海軍基地』の『防衛』と『海軍・海兵隊統合（Naval Integration）』」『安全保障戦略研究』第1号第1巻、2020年8月、55-81頁。

Group 59." https://aad.archives.gov/aad/series-list.jsp?cat=WR43.

†二次資料

【邦語文献】


青島章介、信太忠二『基地闘争史』社会新報、1968年。

赤木完爾編『朝鮮戦争―休戦50周年の検証・半島の内と外から』慶應義塾大学出版会、2003年。

秋山昌廣『日米の戦略対話が始まった―安保再定義の舞台裏』亜紀書房、2002年。

明田川融『日米行政協定の政治史―日米地位協定研究序説』法政大学出版局、1999年。

朝井志歩『基地騒音―厚木基地騒音問題の解決策と環境的公正』法政大学出版局、2009年。

芦田茂「朝鮮戦争と日本　戦争史日韓学術会議（平成15年度）」『戦史研究年報』第8号、2005年3月、103-126頁。

新井京『沖縄の引き延ばされた占領―「あめりか世」の法的基盤』有斐閣、2023年。

安藤敏夫「基地と農民の被害」猪俣浩三、木村禧八郎、清水幾太郎編『基地日本―うしなわれいく祖国のすがた』和光社、1953年。

池田慎太郎「国内問題としての日米同盟」竹内俊隆編『日米同盟論―歴史・機能・周辺諸国の視点』ミネルヴァ書房、2011年、127-152頁。

池田慎太郎「日米同盟と地方政治―岩国基地問題を事例として」『広島国際研究』第14巻、2008年12月、1-17頁。

池田慎太郎『日米同盟の政治史―アリソン駐日大使と「1955年体制」の成立』国際書院、2023年。

池宮城陽子「沖縄」川名晋史編『世界の基地問題と沖縄』明石書店、2022年、35-50頁。

池宮城陽子『沖縄米軍基地と日米安保―基地固定化の起源 1945-1953』東京大学出版会、2018年。

石井修『覇権の翳り―米国のアジア政策とは何だったのか』柏書房、2015年。

石原明徳「ACSAの変遷―日米2国間から各国間へ」『海幹校戦略研究』第7巻第2号、2018年1月、95-106頁。

板山真弓『日米同盟における共同防衛体制の形成―条約締結から「日米防衛協力のための指針」策定まで』ミネルヴァ書房、2020年。

猪口孝監修、G・ジョン・アイケンベリー、佐藤洋一郎編『日米安全保障同盟―地域的多国間主義』原書房、2013年。

遠藤誠治編『日米安保と自衛隊』岩波書店、2015年。

大田昌秀『沖縄の決断』朝日新聞社、2000年。

大沼久夫編『朝鮮戦争と日本』新幹社、2006年。

小川和久『フテンマ戦記　基地返還が迷走し続ける本当の理由』文藝春

U.S. Indo-Pacific Command, "Expeditionary Strike Group 7 Arrives for Talisman Sabre 21," July 16, 2021.
White House, National Security Strategy, October 12, 2022.

†回想録、オーラルヒストリー

五百旗頭真、宮城大蔵編『橋本龍太郎外交回顧録』岩波書店、2013年。
コワルスキー、フランク（勝山金次郎訳）『日本再軍備―米軍事顧問団幕僚長の記録』サイマル出版会、1969年。
バウチャー、サー・セシル（加藤恭子、今井萬亀子訳）『英国空軍少将の見た日本占領と朝鮮戦争』レイディ・バウチャー編、社会評論社、2008年。
防衛省防衛研究所編「冨澤暉オーラル・ヒストリー」防衛省防衛研究所編『オーラル・ヒストリー　日本の安全保障と防衛力（6）』防衛省防衛研究所、2020年。
防衛庁防衛研究所編『中村悌次オーラル・ヒストリー下巻』2006年。
Acheson, Dean, *Present at the Creation: My Years in the State Department*, New York: W.W. Norton, 1969.
Ball, William Macmahon, *Australia and Japan*, Penerbitan: Thomas Nelson, 1969.
Farrar-Hockley, Anthony, *The British Part in the Korean War Vol.II*, London: HMSO, 1990.
Lie, Trygve, *In the Cause of Peace: Seven Years with the United Nations*, New York: The Macmillan Company, 1954.

†定期刊行物

『朝日新聞』
『沖縄タイムス』
『産経新聞』
『東京新聞』
『日本経済新聞』
『毎日新聞』
『琉球新報』

†ウェブサイト

「国会会議録検索システム」https://kokkai.ndl.go.jp/.
データベース「世界と日本」政策研究大学院大学・東京大学東洋文化研究所　https://worldjpn.net/.
GlobalSecurity.org, https://www.globalsecurity.org/.
U.S. National Archives and Administrative Records, "Access to Archival Databases (AAD), "Central Foreign Policy Files, created, 7/1/1973 - 12/31/1979, documenting the period ca. 1973 - 12/31/1979 - Record

外務省『日本外交文書 平和条約の締結に関する調書』第3冊、外務省、2002年。
呉市史編纂委員会編『呉史』呉市役所、1995年。
「国家安全保障戦略」2022年12月16日、内閣官房ウェブサイト（https://www.cas.go.jp/jp/siryou/221216anzenhoshou/nss-j.pdf）。
「再編実施のための日米のロードマップ（仮訳）」2006年5月1日、外務省ウェブサイト（https://www.mofa.go.jp/mofaj/kaidan/g_aso/ubl_06/2plus2_map.html）。
「日米同盟：未来のための変革と再編（仮訳）」2005年10月29日、外務省ウェブサイト（https://www.mofa.go.jp/mofaj/area/usa/hosho/henkaku_saihen.html）。
「日米防衛協力のための指針」2015年4月27日、防衛省ウェブサイト（https://www.mod.go.jp/j/approach/anpo/alliguideline/shishin_20150427j.html）。
「日本国における国際連合の軍隊の地位に関する協定」外務省ウェブサイト（https://www.mofa.go.jp/mofaj/files/000358947.pdf）。
民主党『民主党沖縄ビジョン［2008］』2008年7月8日。
民主党『民主党沖縄ビジョン［改訂］』2005年8月3日。
Digital National Security Archive, *Japan and the United States: Diplomatic, Security, and Economic Relations, 1960-1976.*
Digital National Security Archive, *Japan and the United States: Diplomatic, Security, and Economic Relations, Part II: 1977-1992.*
Digital National Security Archive, *Japan and the United States: Diplomatic, Security, and Economic Relations, Part III: 1961-2000.*
Foreign Relations of the United States, 1958-1960, Vol. XVIII, Japan: Korea, Washington D.C.: U.S. Government Printing Office.
Foreign Relations of the United States, 1969-1976, Volume E-12, Documents on East and Southeast Asia, 1973-1976, Washington D.C.: U.S. Government Printing Office.
MINDEF Singapore, "Fact Sheet: 2019 Protocol of Amendment to the 1990 Memorandum of Understanding," September 24, 2019.
U.S. Department of Defense, *Summary of the 2018 National Defense Strategy of The United States of America*, January 2018.
U.S. Department of the Navy, *Marine Corps, A Concept for Stand-in Forces*, December 2021.
U.S. Government Accountability Office, Overseas Presence: Issues Involved in Reducing the Impact of the U.S. military Presence on Okinawa, GAO/NSIAD-98-66, March 1998.

参考文献

†米国政府未刊行資料

U.S. National Archives II, College Park, Maryland

Record Group 59

Subject Numeric File 1970-1973.
Central Foreign Policy Files, 1967-1969.

Record Group 330

Subject Decimal Files 1968-1968.
Subject Decimal Files ISA 1969.

†公刊資料

石井修監修『アメリカ合衆国対日政策文書集成第32期ニクソン大統領文書』第7巻、柏書房、2013年。

石井修監修『アメリカ合衆国対日政策文書集成第34期ニクソン大統領文書』第10巻、柏書房、2014年。

石井修監修『アメリカ合衆国対日政策文書集成第39期フォード大統領文書』第6巻、柏書房、2016年。

「SACO 中間報告（仮訳）」防衛省ウェブサイト（https://www.mod.go.jp/j/approach/zaibeigun/saco/midterm.html）。

沖縄防衛局「令和３年度普天間飛行場代替施設建設事業に係る事後調査報告書」2022年9月。

外務省「1960年1月の安保条約改定時の核持込みに関する「密約」調査関連文書」（https://www.mofa.go.jp/mofaj/gaiko/mitsuyaku/kanren_bunsho.html）。

外務省「いわゆる「密約」問題に関する有識者委員会報告書」2010年3月9日（https://www.mofa.go.jp/mofaj/gaiko/mitsuyaku/pdfs/hokoku_yushiki.pdf）。

外務省『わが外交の近況』第10号、外務省、1966年。

外務省『わが外交の近況　上』第20号、外務省、1976年。

外務省『わが外交の近況　下』第20号、外務省、1976年。

外務省『わが外交の近況』第14号、外務省、1970年。

外務省『日本外交文書　サンフランシスコ平和条約調印・発効』外務省、2009年。

外務省『日本外交文書　平和条約の締結に関する調書』第5冊（Ⅷ）外務省、2002年。

図7－1　陸上自衛隊（右端）とインド軍（左）の共同訓練　共同通信社
図終－1　ジブチの自衛隊基地　共同通信社

＊注記のない画像は、著者作成および public domain である

図版出典

図0－1　**日本本土の米軍基地・施設**　防衛省「在日米軍施設・区域（共同使用施設を含む）別一覧（2023年1月1日）」をもとに筆者作成（2－4〔b〕施設を除く）
図0－2　**沖縄の米軍基地・施設**　防衛省・自衛隊「沖縄の基地負担軽減について」をもとに筆者作成
図1－2　**砂川闘争**　共同通信社
図1－3　**英連邦軍本部**　共同通信社
表1－1　**英連邦軍の展開状況**　千田武志『英連邦軍の日本進駐と展開』162-163頁をもとに筆者作成
表1－2　**最盛時の英連邦軍の兵力**　千田『英連邦軍の日本進駐と展開』167頁
表2－1　**国連軍への参加国**　竹前・笹本「朝鮮戦争と『国連軍』地位協定」172頁
図2－1　**日米合同委員会**　共同通信社
図2－2　**吉田茂首相とアチソン国務長官、日米安保条約の調印**　共同通信社
図2－3　**国連軍地位協定の調印**　共同通信社
図3－1　**新日米安保条約の調印**　アフロ
図3－2　**有事における在日米軍の基地使用**　著者
図3－3　**有事における国連軍の基地使用**　著者
図4－1　**キッシンジャー大統領補佐官と佐藤栄作首相**　読売新聞社
図4－2　**日本本土と沖縄における米軍専用施設の面積比**　池宮城陽子「沖縄」川名晋史編『世界の基地問題と沖縄』39頁
図4－3　**普天間基地**　共同通信社
図5－1　**国連軍後方司令部、横田基地**　時事通信社
図6－1　**海外に展開する米軍の人員数**　Department of Defense, Active Duty Personnel Strengths By Regional Area and By Country. をもとに著者作成（東京工業大学川名研究室所有データセット）
図6－2　**在日米軍の人員数**　図6－1出典と同じ
図6－3　**橋本龍太郎首相とモンデール駐日大使**　共同通信社
図6－4　**現行の辺野古基地建設計画**　沖縄防衛局「令和3年度普天間飛行場代替施設建設事業に係る事後調査報告書」2022年9月、2－5頁
図6－8　**埋め立て地点の変遷**　『朝日新聞』2021年11月26日
図6－10　**辺野古の軟弱地盤**　『毎日新聞』2020年2月10日
図6－13　**記者会見する鳩山由紀夫首相**　共同通信社
図6－14　**普天間返還の条件**　“Relocating Futenma Marine Corps Air Station（MCAS）”

2010	5	4	鳩山首相、沖縄県に対し、県外・国外移設案の撤回を表明
	5	28	日米両政府が辺野古への基地移設を再確認する共同声明を発表
	6	4	鳩山内閣総辞職
2011	6	1	自衛隊がジブチに初の海外「基地」を設置
	6	21	日米2プラス2において辺野古でのV字型滑走路2本の建設を決定
2012	4	27	辺野古案を「これまでに特定された唯一の有効な解決策」とする2プラス2共同文書発表
2013	12	27	仲井眞知事が埋め立て申請を承認
2014	7	1	安全保障法制整備のための閣議決定
	11	16	翁長雄志が沖縄県知事に当選
2015	3	23	翁長知事が沖縄防衛局に対し、埋め立て作業停止を指示
	4	27	日米ガイドライン改定。同日に辺野古が唯一の解決策であると日米2プラス2にて再確認
	5	14	「平和安全法制整備法案」と「国際平和支援法案」を閣議決定
	9	19	国会にて「平和安全法制」成立（2016年3月29日施行）
	9	28	環境補足協定（日米地位協定の補足協定）を締結
	10	13	翁長知事が埋立承認「取り消し」を沖縄防衛局に通知
2016	9	26	日米ACSA第三次改定　署名（2017年4月25日発効）
2017	1	14	日豪ACSA　署名（2017年9月6日発効）
	1	26	日英ACSA　署名（2017年8月18日発効）
	4	25	沖縄防衛局が辺野古埋め立てに向けた護岸工事に着手
2018	4	21	日加ACSA　署名（2019年7月18日発効）
	7	13	日仏ACSA　署名（2019年6月26日発効）
	9	30	辺野古への移設反対を掲げる玉城デニーが沖縄県知事に当選
2019	2	24	「辺野古沖埋め立て」沖縄県民投票
2020	9	9	日印ACSA　署名（2021年7月11日発効）
2021	1	7	日米がFCLPの馬毛島移転に合意
2022	1	6	日豪円滑化協定　署名（2023年8月13日発効）
2023	1	11	日英円滑化協定　署名（2023年10月15日発効）

1996	2	24	日米首脳会談において、橋本首相がクリントン大統領に普天間返還を打診
	3	?	台湾海峡危機
	4	12	橋本・モンデール駐日大使、沖縄県内移設を条件とした普天間飛行場返還を発表
	4	15	日米 ACSA（物品役務相互提供協定）署名（1996年10月22日発効）
	9	8	在沖基地の縮小を巡る沖縄県民投票
	12	2	「沖縄本島東海岸沖（キャンプ・シュワブ沖）」への海上施設設置を含んだ SACO 最終報告公表
1997	9	23	日米ガイドライン改定
1998	2	6	大田昌秀知事が海上ヘリポート建設の受け入れ拒否を表明
	4	28	日米 ACSA 第一次改定　署名（1999年９月25日発効）
	11	15	沖縄県北部での軍民共用空港建設を公約とした稲嶺惠一が沖縄県知事に当選
1999	5	28	「周辺事態法」公布（1999年８月25日施行）
	11	22	稲嶺知事が名護市辺野古沿岸域を普天間基地の移設先として発表
	12	27	名護市市長が条件付きで移設受け入れを表明
2004	2	27	日米 ACSA 第二次改定（2004年７月29日発効）
	8	13	沖縄国際大学に海兵隊ヘリコプターが墜落
2006	4	7	V 字型滑走路の建設を巡り政府、名護市、宜野座村が基本合意
	5	1	日米が『再編実施のための日米のロードマップ合意』を承認
	11	19	V 字型滑走路案を容認せず、沖合側への移動を求めた仲井眞弘多が県知事に当選
2009	2	17	「在沖米海兵隊のグアム移転に係る協定」合意
	7	19	鳩山民主党代表「最低でも県外移設」発言
	9	16	鳩山政権誕生
	9	16	外務省が「いわゆる「密約」問題に関する有識者委員会」を設置（2010年３月９日に報告書を提出）
	11	13	鳩山首相「トラスト・ミー」発言

	6	11	国連軍地位協定発効、米軍以外の国連軍参加国による兵站支援を目的とした在日国連軍基地使用が可能に
	8	22	タイが国連軍地位協定に署名
1957	1	30	ジラード事件発生
	7	?	国連軍司令部の韓国移転
1958	6	16	トルコが国連軍地位協定に署名
1960	1	6	「朝鮮議事録」に合意
	1	19	新日米安全保障条約調印、日米地位協定調印、岸・ハーター交換公文成立
1966	12	29	辺野古「マスタープラン1966」策定
1968	1	19	米空母エンタープライズの佐世保入港
	6	2	九州大学米軍機墜落事故
	9	26	ジョンソン・マケイン計画合意
	12	4	国防長官府が普天間基地を「不要」と判断
1969	1	20	ニクソン政権誕生
	11	21	「佐藤・ニクソン共同声明」にて「韓国条項」表明
1970	12	21	国防総省の基地削減計画に合意
1972	5	15	沖縄施政権返還、嘉手納、ホワイトビーチ、普天間が在日国連軍基地に指定
1973	1	23	「関東計画」日米合意
1975	8	6	朝鮮有事に関する「共同新聞発表」
1976	3	2	タイ軍の日本撤退決定
	7	17	宮澤喜一外相が豪側に対し、国連軍地位協定継続の重要性を指摘
1978	3	7	日本外務省が「二重帽子」容認
	11	27	日米ガイドライン策定
1989	12	3	米ソ「冷戦終結宣言」
1992	11	24	米軍がフィリピンのクラーク空軍基地とスービック海軍基地からの撤退を決定
1993	3	12	北朝鮮が核不拡散条約脱退を宣言
	5	29	北朝鮮ノドン・ミサイル試射
1995	9	4	沖縄米兵少女暴行事件発生
	11	19	「沖縄に関する特別行動委員会」(SACO) 設置

在日米軍基地　関連年表

年	月	日	出来事
1945	8	14	日本がポツダム宣言受諾
	8	28	米軍が厚木飛行場に進駐、土地の接収を開始
	12	18	マッカーサー・ノースコット協定締結
1946	2	8	BCOF（英連邦占領軍）が日本上陸
1950	3	31	豪州が日本からの撤退を決定
	6	25	朝鮮戦争勃発
	6	27	国連安全保障理事会決議83 S/1511、国連加盟国に対し韓国への支援提供を「勧告」
	6	30	豪州がBCOFの撤退延期と豪軍の朝鮮戦争への投入を決定
	7	7	国連安全保障理事会決議84 S/1588、国連加盟国に対し、合衆国の下にある統一司令部への兵力その他の援助提供を「勧告」
	7	25	国連軍司令部設置（東京）、16ヵ国が「国連軍」に参加
	9	15	仁川上陸作戦
	10	25	中国が朝鮮戦争に参戦
	11	9	BCFK（英連邦朝鮮派遣軍）設立（1952年4月28日までBCOFと併存）
1951	6	?	タイ軍が日本駐留を開始
	9	8	サンフランシスコ平和条約及び旧日米安全保障条約調印、吉田・アチソン交換公文署名
1952	2	28	日米行政協定調印（1952年4月28日発効）
	4	28	サンフランシスコ平和条約、旧日米安全保障条約、吉田・アチソン交換公文が発効
1953	7	27	朝鮮戦争休戦協定調印
1954	2	19	日、米、英、加、豪、比、ニュージーランド、南アフリカの8ヵ国が国連軍地位協定に署名
	4	12	フランスが国連軍地位協定に署名
	5	19	イタリアが国連軍地位協定に署名

川名晋史（かわな・しんじ）

1979年北海道生まれ．東京工業大学リベラルアーツ研究教育院教授．専門は，米国の海外基地政策．博士（国際政治学）．青山学院大学大学院国際政治経済学研究科博士後期課程修了．

著書『基地の政治学――戦後米国の海外基地拡大政策の起源』（白桃書房，2012年，佐伯喜一賞）
『基地の消長 1968-1973――日本本土の米軍基地「撤退」政策』（勁草書房，2020年，猪木正道賞特別賞）
『基地はなぜ沖縄でなければいけないのか』（筑摩書房，2022年）

編著『共振する国際政治学と地域研究――基地，紛争，秩序』（勁草書房，2019年，手島精一記念研究賞）
『世界の基地問題と沖縄』（明石書店，2022年）
ほか

在《ざい》日《にち》米《べい》軍《ぐん》基《き》地《ち》
中公新書 *2789*

2024年１月25日初版
2024年10月15日３版

著　者　川名晋史
発行者　安部順一

本文印刷　三晃印刷
カバー印刷　大熊整美堂
製　　本　小泉製本

発行所　中央公論新社
〒100-8152
東京都千代田区大手町1-7-1
電話　販売　03-5299-1730
　　　編集　03-5299-1830
URL https://www.chuko.co.jp/

Published by CHUOKORON-SHINSHA, INC.
Printed in Japan　ISBN978-4-12-102789-4 C1231

現代史

中公新書

f 2

- 2570 佐藤栄作　村井良太
- 2186 田中角栄　早野透
- 1976 大平正芳　福永文夫
- 2351 中曽根康弘　服部龍二
- 2726 田中耕太郎―闘う司法の確立者、世界法の探究者　牧原出
- 2512 高坂正堯―戦後日本と現実主義　服部龍二
- 2710 日本インテリジェンス史　小谷賢
- 1574 海の友情　阿川尚之
- 1875 「国語」の近代史　安田敏朗
- 2075 歌う国民　渡辺裕
- 2332 「歴史認識」とは何か　大沼保昭　江川紹子
- 2624 「徴用工」問題とは何か　波多野澄雄
- 2359 竹島―もうひとつの日韓関係史　池内敏
- 1820 丸山眞男の時代　竹内洋
- 2714 国鉄―「日本最大の企業」の栄光と崩壊　石井幸孝
- 2237 四大公害病　政野淳子
- 1821 安田講堂 1968-1969　島泰三
- 2110 日中国交正常化　服部龍二
- 2150 近現代日本史と歴史学　成田龍一
- 2196 大原孫三郎―善意と戦略の経営者　兼田麗子
- 2317 歴史と私　伊藤隆
- 2627 戦後民主主義　山本昭宏
- 2342 沖縄現代史　櫻澤誠
- 2789 在日米軍基地　川名晋史
- 2543 日米地位協定　山本章子
- 2720 司馬遼太郎の時代　福間良明
- 2810 日本鉄道廃線史　小牟田哲彦
- 2649 東京復興ならず　吉見俊哉
- 2733 日本の歴史問題（改題新版）　波多野澄雄